U0605704

中华传世家训

苏智恒／主编

团结出版社
UNITY PRESS

图书在版编目（CIP）数据

中华传世家训 / 苏智恒主编 . —北京：团结出版社，2018.6（2022.4 重印）

ISBN 978-7-5126-5710-6

Ⅰ．①中… Ⅱ．①苏… Ⅲ．①家庭道德 – 中国 Ⅳ．① B823.1

中国版本图书馆 CIP 数据核字（2017）第 263998 号

出　版：团结出版社
　　　　（北京市东城区东皇城根南街 84 号　邮编：100006）
电　话：（010）65228880　65244790（出版社）
　　　　（010）65238766　85113874　65133603（发行部）
　　　　（010）65133603（邮购）
网　址：http://www.tjpress.com
E-mail：zb65244790@163.com（出版社）
　　　　fx65133603@163.com（发行部邮购）
经　销：全国新华书店
印　刷：天津兴湘印务有限公司

开　本：670毫米×960毫米　16开
印　张：16
字　数：200千字
版　次：2018年6月　第 1 版
印　次：2022年4月　第 3 次印刷

书　号：978-7-5126-5710-6
定　价：58.00元

国学阅读

前言

　　家风是一个家庭或家族的传统风尚，体现着家庭或家族的价值观。良好的家风，能在潜移默化中影响人们的价值观，引领社会风气。古人讲"求忠臣于孝子之门"，这是说，一个人首先要在家庭中培养良好的行为习惯和优秀的道德水平，进而才能够在社会中成就一番事业。修身、齐家、治国，是中国古代士人的追求。其中，"齐家"这一环节，正是联系"修身"与"治国"的纽带，在历朝历代都是一个极为重要的话题。

　　中华民族对家庭治理和家庭教育的重视催生了"家训"这种富有中国特色文化内涵的文献。从古至今，我国历代传世的家训数量众多。这些家训虽各有特定社会背景和著者个人色彩，但它们都有一个共同的主题，即教养子弟提升个人修养，成为能够自立于世，进而有所建树的人。同时家训也是作者对整齐家风、修身为人的经验探讨和总结。

　　中华传世家训承载了中华民族源远流长的智慧和美德，对塑造子孙的个体人格、推而广之形成良好社会风尚、塑造中华民族的性格产生了巨大影响。这些家训的作者，多为历代贤达者，他们家法严肃，高风笃行，可仰可师，其文辞读来，中华文明的生命和自信跃然纸上，许多心得对我们当下仍具有相当大的启示意义。

　　基于此，我们编著了此书，《中华传世家训》博采史籍，聚其要言，其内容共分帝王将相家训、慈母家训、名臣名儒家训三个部分，每个部分精心选择了众多著名家训中的经典段落，辅以注释、译文，又对不同家训的撰主做了基本介绍，让读者更好地了解家训的要义。

"古之欲明明德于天下者，先治其国；欲治其国者，先齐其家。"中华民族传统家庭美德早已烙印在中国人的心灵中，融入了中国人的血脉中，这是支撑中华民族生生不息、薪火相传的重要精神力量，是家庭文明建设的宝贵精神财富。

家是最小国，国是千万家。只有全社会都重视家庭文明建设、锤炼个人品德、培养家庭美德，才能以家风清正带动政风清正，以家庭美德推动社会公德，以家庭和谐促进社会和谐，以社会和谐推进国家昌盛。

目录

帝王将相家训

慈母家训

名臣名儒家训

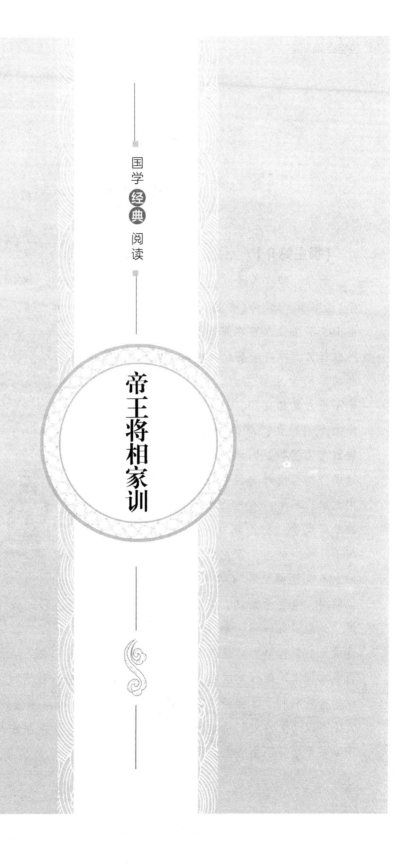

国学 **经典** 阅读

帝王将相家训

刘邦家训

【撰主简介】

刘邦，即汉高祖（公元前247—前195年，一作公元前256—前195年），字季，沛县（今属江苏）人。西汉王朝的创立者。公元前202—前195年在位。曾在秦朝任泗水亭长。秦二世元年（公元前209年），陈胜起义，他在沛县起兵响应，自称沛公。初属项梁，后与项羽领导的起义军同为反秦主力。公元前206年，率军攻占秦都咸阳，推翻秦王朝，废除秦的严刑苛法，与关中父老约法三章，得到人民拥护。同年，项羽入关，大封诸侯，刘邦被封为汉王，占有巴蜀、汉中之地。不久，即与项羽展开长达五年的楚汉战争。公元前202年，破项羽于垓下，统一全国，即皇帝位，先定都洛阳，不久迁都长安（今陕西西安）。在位期间，他继承秦制，实行中央集权制度。先后消灭韩信、彭越、英布等异姓

诸侯王的割据势力；迁六国旧贵族和地方豪强到关中，以加强控制；实行重本抑末政策，发展农业生产；以秦律为根据，制定《汉律》九章。这些措施有利于社会经济的恢复和全国的统一。他后来懂得了"马上得之不可以马上治之"的道理，并用自己的亲身体验去告诫太子，勉励太子勤奋于学。下面着重介绍他的《手敕太子文》，以飨读者。

手敕太子文①

原文

吾遭乱世，当秦禁学，自喜谓读书无益。洎践阼以来②，时方省书，乃使人知作者之意，追思昔所行，多不是。

尧舜不以天下与子而与他人③，此非为不惜天下，但子不中立耳④。人有好牛马尚惜，况天下耶？吾以尔是元子⑤，早有立意⑥，群臣咸称汝友四皓⑦，吾所不能致，而为汝来，为可任大事也。今定汝为嗣⑧。

吾生不学书，但读书问字而遂知耳⑨。以此故不大工⑩，然亦足自辞解。今视汝书，犹不如吾⑪。汝可勤学习，每上疏宜自书⑫，勿使人也。

汝见萧⑬、曹⑭、张⑮、陈诸公侯⑯，吾同时人，倍年于汝者，皆拜，并语于汝诸弟。

吾得疾遂困，以如意母子相累⑰。其余诸儿，皆自足立，哀此儿犹小也。

——节录自严可均校编《全汉文》

注释

①敕：古代皇帝的诏书。太子：指汉惠帝刘盈。②洎：及；到。践阼：即位。践，履。阼，古代庙、寝堂前两阶，主阶在东，称阼阶。阼阶上为主位，因称即位行事为"践阼"。③尧舜：古代传说中两位贤明的君主。相传尧传位于舜，舜传位于禹。④但：只。不中立：不适合为皇位继承人。⑤元子：天子、诸侯的嫡长子。⑥立意：立为皇位继承人的想法。⑦四皓：秦末东园公、角里先生、绮里季、夏黄公避乱隐居商山（今陕西商州东南），四人年皆八十有余，须眉皓白，时称"商山四皓"。⑧嗣：继承人。⑨但：引处示为只、仅之义。⑩不大工：不太工整。⑪犹：还；尚且。⑫疏：分条陈述，引申指臣下写给皇帝的奏章。书：书写。⑬萧：萧何，西汉沛人。秦末佐刘邦起义，后曾为丞相，封

酆侯。汉朝的律令制度多由他制定。⑭曹：曹参，西汉沛人。秦末从刘邦起义。后继萧何为汉惠帝丞相，举事不变，一遵萧何约束，有"萧规曹随"之称。⑮张：张良，字子房，相传为城父（今安徽亳州东南）人。祖先五代相韩。秦灭韩后，他倾家资寻刺客为韩国报仇，使刺客狙击秦始皇于博浪沙，未成。后佐刘邦灭项羽，封留侯。⑯陈：陈平，西汉阳武（今河南原阳东南）人。陈胜起义，他投魏王咎，后从项羽入关，旋归刘邦。屡出奇计，佐刘邦平定天下。汉初封曲逆侯，历任惠帝、文帝时丞相。吕后崩，与周勃合谋诛诸吕，刘汉赖以复存。⑰如意母子：指汉高祖刘邦宠姬戚夫人和他的儿子赵隐王如意。

译文

我生逢乱世，当时秦朝禁止人们求学，于是沾沾自喜，以为读书没有什么用处。到登上帝位以来，才经常看看书籍，使我了解作者的原意。回想过去所为，多有不是。

尧舜不把天下传给儿子而传给他人，这并不是不爱惜天下，只是因为他们的儿子不适合立为继承人罢了。人有好牛马尚且还爱惜，何况是天下呢？因为你是嫡长子，我很早就有立你为太子之意。群臣都称赞你的朋友商山四皓。我曾经邀请他们没有成功，但他们却为了你而来，因而可委任你以大事啊！现在定下你为继承人。

我平生不学书法，只在读书问字时懂得一些罢了，因为这个缘故，字写得不太工整，然而还说得过去。现在看你写的字，还不如我。你可要勤奋学习，献上的奏议应自己动手写，不要使唤他人代劳。

萧何、曹参、张良、陈平等公侯，和我是同时代的人，年长你一倍。你见到他们，都要以礼相拜，并告诉你各位弟弟。

自我得病以来，经常感到困倦，因为牵挂如意母子。其他各个儿子，都足可以自立，只哀怜这个儿子还小。

刘庄家训

【撰主简介】

刘庄，即汉明帝（公元28—75年），汉光武帝子。在位期间，法令分明，重视儒学，亲临辟雍（大学）讲学。相传曾遣使往天竺求佛经像，立白马寺于洛阳，为佛教传入中国之始。他对于皇戚们为自己儿子谋求官职一事十分慎重，并说了一番意味深长的话以警饬之。下面着重介绍他的《戒皇属》的一段话以飨读者。

皇亲国戚不能轻易授封官职

原文

郎官上应列宿^①，出宰百里。官非其人，则民受其殃，是以难之。

——节录自《后汉书·明帝纪》

注释

①列宿：各星宿。

译文

郎官与天上的星宿一样，主宰各自的封邑。担任郎官的人如果与其职不称，那么老百姓就要受到他的祸害，因此我拒绝了馆陶公主为儿子求郎官的要求。

曹操家训

【撰主简介】

曹操（公元 155—220 年），即魏武帝。三国时政治家、军事家、诗人。字孟德，小名阿瞒。沛国谯县（今安徽亳州）人。少机警有权术，二十岁举孝廉，征拜为议郎。东汉末，参与镇压黄巾起义，壮大自己的势力。后起兵讨董卓。建安元年（公元 196 年），迎汉献帝迁都许昌，挟天子以令诸侯，削平吕布，击灭袁术、袁绍，逐渐统一了中国北部。建安十三年（公元 208 年），晋位为丞相，率军南下，被孙、刘联军击败于赤壁。他在北方屯田，兴修水利，召集流民垦荒，整饬地方吏治，抑制豪强兼并，减轻赋税，使农业经济得到恢复。后被封为魏王。子曹丕称帝，追尊其为武帝。善诗歌，散文风格清新质朴，有《曹操集》行世。

曹操在封建帝王中极有政治远见，对自己的儿子要求严格，经常现身说法，以亲身体会来教育儿子。下面着重介绍他的《诸儿令》《内戒令》《遗令》等以飨读者。

诸儿令

原文

今寿春①、汉中②、长安③，先欲使一儿各往督领之④，欲择慈孝不违吾令儿，亦未知用谁也。儿虽小时见爱⑤，而长大能善，必用之。吾非有二言也⑥，不但不私臣吏⑦，儿子亦不欲有所私。

——节录自《曹操集》

注释

①寿春：古县名，治所在今安徽寿县。②汉中：郡名，治所在南郑（今陕西汉中东）。③长安：今西安市西北。④督领：统率和治理。⑤见爱：被爱。⑥非有二言：没有二话，即说一不二。⑦私：徇私；偏袒。

译文

现在寿春、汉中、长安三个地方，我打算先各派一个儿子前往督率治理。我想选择慈善孝顺不违背我命令的，也不知用谁好。儿子们小的时候虽然受到宠爱，长大后是好样的，我也一定用他。我说一不二，不但对部属不徇私情，对儿子也不想有所偏爱。

内戒令

原文

孤不好鲜饰严具①。所用杂新皮韦笥②，以黄韦缘中③。遇乱无韦笥④，乃作方竹严具⑤，以帛衣粗布作里，此孤之平常所用也。

百炼利器⑥，以辟不祥⑦，慑服奸宄者也⑧。

吾衣被皆十岁也，岁岁解浣补纳之耳⑨。

今贵人位为贵人⑩，金印蓝绂⑪，女人爵位之极。

吏民多制方绣之服，履丝不得过绛紫金黄丝织履⑫。前于江陵得杂采丝履，以与家，约当著尽此履⑬，不得效作也。

孤有逆气病⑭，常储水卧头⑮。以铜器盛，臭恶⑯。前以银作小方器，人不解，谓孤喜银物，今以木作。

昔天下初定，吾便禁家内不得香薰⑰。后诸女配国家为其香⑱，因此得烧香，吾不好烧香，恨不遂所禁⑲，今复禁不得烧香，其以香藏衣著身亦不得。

房室不洁，听得烧枫胶及蕙草⑳。

——节录自《曹操集》

注释

①孤：我。鲜：新；鲜明。这里指漂亮。严具：梳妆用具。古作"庄具"，因避汉明帝刘庄讳改"庄"为"严"。②韦笥：皮箱。韦，熟牛皮。笥，盛饭食或衣物的竹器。③缘中：镶在中间。④遇乱：碰上战乱。⑤乃：才；就。⑥利器：指兵器。⑦辟："避"的古字。⑧宄：指犯法作乱的人。⑨浣：洗濯。⑩贵人：妃嫔的称号。据《魏志·武帝纪》：建安十八年，献帝聘曹操的三个女儿为贵人。⑪蓝绶：蓝色的绶带。绶，系印章的丝带。⑫履：鞋。⑬著："着"的本字。⑭逆气病：即气往上冲，以致出现头疼、面红等症状。⑮卧头：浸头。⑯臭：气味。⑰香薰：即熏香。古代把香燃着放在熏笼中，以香熏衣被。⑱后诸女配国家为其香：指三个女儿当了贵人，为她们熏了香。⑲遂：顺利。⑳听得：任凭。枫胶：枫树脂，有香气。蕙草：一种香草，又叫佩兰。

译文

我不喜欢装饰漂亮的箱子。平日所用是掺杂新皮制成的箱子，用黄牛皮镶在中间。遇上战乱没有皮箱，就用方竹制成箱子，用丝帛或粗布做里子。这就是我平常所用的东西。

经过千锤百炼的兵器，是用来消除凶恶，使坏人畏惧服从的器具。

我的衣服、被褥都用了十年，每年不过拆洗缝补后收起罢了。

现在贵人地位为贵人，金的玺印，蓝色的绶带，在女人的官位中也到了极点。

官吏和百姓多制作纹绣衣服，履丝的颜色不得超过绛紫金黄丝织履。我以前在江陵得到各种花色丝织鞋子，拿来给家里，约定穿完这些鞋子，不得仿效制作。

我有逆气病，常常准备好水浸头。用铜器盛水，气味不好。于是前些日子改用银制小方器。别人不理解，以为我喜欢银物，现在只有改用木做的了。

以前天下刚刚平定，我便禁止家内熏香。后来几个女儿当了贵人，为她们熏了香，因此能够烧香。我不喜欢烧香，遗憾的是没能实现我的禁令。现在再次禁止家内不得烧香，把香放在衣内带在身上也不允许。

房室不洁净，才任凭烧枫树脂和蕙草。

遗　令

原文

吾夜半觉小不佳，至明日饮粥汗出，服当归汤。

吾在军中执法是也，至于小忿怒、大过失，不当效也。天下尚未安定，未得遵古也^①。吾有头病，自先著帻^②。吾死之后，持大服如存时^③，勿遗。百官当临殿中者^④，十五举音^⑤，葬毕皆除服；其将兵屯戍者，皆不得离屯部；有司各率乃职^⑥。殓以时服^⑦，葬于邺之西冈上，与西门豹祠相近^⑧，无藏金玉珍宝。

吾婢妾与伎人皆勤苦^⑨，使著铜雀台^⑩，善待之。于台堂上安六尺床，施繐帐^⑪，朝晡上酒脯粻糒之属^⑫，月旦十五日，自朝至午，辄向帐中作伎乐^⑬。汝等时时登铜雀台，望吾西陵墓地。余香可分与诸夫人，不命祭。诸舍中无所为，可学作组履卖也^⑭。吾历官所得绶^⑮，皆著藏中^⑯。吾余衣裘，可别为一藏，不能者，兄弟可共分之。

——节录自《曹操集》

注释

①遵古：遵循丧葬的古礼。②著帻：戴头巾。③大服：礼服。存时：活着的时候。④临：哭吊死者。⑤十五举音：哭十五声。⑥有司：主管的官员。率：遵守；遵循。⑦殓：给尸体穿衣下棺。时服：合时令的衣服。⑧西门豹：战国魏文侯时邺令。曾破除当地"河伯娶妇"的迷

信，并开凿水渠十二条，引漳水灌溉，改良土壤，发展农业生产，受到人民尊敬。后人为他立祠，表示怀念。⑨伎人：乐队歌舞艺人。⑩著：安排；安置。铜雀台：建安十五年（公元210年）冬，曹操所筑，在今河北临漳西南古邺城的西北隅，台基大部已为漳水所冲毁。⑪缌帐：灵帐，柩前的灵幔。⑫晡：下午。脯：干肉。糒：干粮。⑬辄：总是；就。⑭组：编织。履：鞋。⑮绶：古代系帷幕或印纽的丝带。⑯藏：储存东西的地方。

译文

　　我半夜觉得有点不舒服，到天明喝粥出了汗，服了当归汤。

　　我在军中执法是对的，至于小的发怒，大的过失，则不应当效法。天下还未安定，我的丧事宜简，不能遵循古制。我有头痛病，很早就戴上了头巾。我死了以后，穿的礼服要和活着时穿的一样，别忘了。文武百官应当来殿中哭吊的，只要哭十五声，安葬完毕，便可脱去丧服；那些驻防各地的将士，都不能离开驻地；各部门的官吏要各自坚守他们的职责。入殓时穿当时所穿的一般衣服，埋在邺城西面的山冈上，跟西门豹的庙靠近，不要用金玉珍宝陪葬。

　　我的婢妾和歌舞艺人都很辛苦，把她们安置在铜雀台，好好地对待她们。在铜雀台正堂上安放一张六尺长的床，挂上灵幔，早晚供上干肉、干粮之类。每月初一、十五两天，从早上到中午，就向着灵帐歌舞。你们要常常登上铜雀台，看看我的西陵墓地。我遗下的熏香可分给各位夫人，不要用香来祭祀。各房的人没事做，可以学着编织丝带子和做鞋子卖。我一生历次做官所得的绶带，都要放置在库里。我遗留下的衣服、皮衣，可另放在一个库里，不行的话，你们兄弟可以分掉。

刘备家训

【撰主简介】

刘备（公元161—223年），三国时蜀汉建立者。公元221—223年在位。字玄德。涿郡涿县（今属河北）人。东汉远支皇族。幼贫，与母贩鞋织席为业。东汉末起兵，镇压黄巾起义军有功，并先后投靠过公孙瓒、陶谦、曹操、袁绍和刘表。后得诸葛亮辅佐，采用联孙拒曹的策略，于建安十三年（公元208年）联合孙权，大败曹操于赤壁，占领荆州。旋又夺取益州和汉中。公元221年称帝，定都成都，国号汉，史称"蜀汉"，年号章武。次年为争夺荆州，亲率大军攻吴，被吴大败于猇亭（今湖北宜都北），尽失舟船器械、水步军资，狼狈逃至白帝城（今重庆奉节东北），不久病死。

　　他临死前曾有遗诏告诫儿子刘禅，其中有些警句成了后世人们常常引用的格言。下面着重介绍他的《遗诏敕刘禅》以飨读者。

遗诏敕刘禅①

✿ 原文

　　朕初疾但下痢耳，后转杂他病，殆不自济②。人五十不称夭③，年已六十有余，何所复恨，不复自伤，但以卿兄弟为念④。

射君到，说丞相叹卿智量⑤，甚大增修，过于所望。审能如此⑥，吾复何忧！勉之，勉之！勿以恶小而为之，勿以善小而不为。惟贤惟德，能服于人。汝父德薄，勿效之。可读《汉书》《礼记》⑦，闲暇历观诸子及《六韬》《商君书》⑧，益人意智。闻丞相为写《申》《韩》《管子》《六韬》一通已毕⑨，未送，道亡。可自更求闻达⑩。

——节录自《三国志·蜀书·先主传》

注释

①诏：皇帝颁发的命令文告。刘禅（公元207—271年）：三国蜀汉后主，字公嗣，小字阿斗。刘备子。公元223—263年在位。②殆：几乎。③夭：未成年而死。④卿：你；你们。⑤丞相：诸葛亮（公元181—234年），三国时杰出政治家、军事家。字孔明。琅琊阳都（今山东沂南）人。曾躬耕陇亩，避难荆州，自比管仲、乐毅。先辅佐刘备，继而受遗诏辅佐后主。志在攻魏以复中原，乃东和孙权，南平孟获，而后出师北伐，六出祁山，后以疾卒于军，年五十有四。⑥审：果真；确实。⑦《汉书》：书名。东汉班固撰。中国第一部纪传体断代史。《礼记》：亦称《小戴礼》或《小戴礼记》。儒家经典之一。⑧《六韬》：中国古代兵书。传为周代吕望（姜太公）所作。现存六卷，即文韬、武韬、龙韬、虎韬、豹韬、犬韬。《商君书》：亦称《商君》或《商子》，战国时商鞅及其后学著作的合编。⑨《申》：即《申子》。相传战国时申不害著，内容多刑名权术之学。《韩》：即《韩非子》，战国韩非著。是集先秦法家学说大成的代表作。《管子》：相传春秋时期齐国管仲撰。内容庞杂，包含道、名、法等家的思想以及天文、历数、舆地、经济和农业等知识。⑩闻达：语本《论语·颜渊》，"在邦必闻"和"在邦必达"。后用为显达和受称誉的意思。

译文

我刚病时，只肚泻下痢，转而混杂其他病，恐怕不会再好。人活到五十岁死去，不算是早天；我年已六十有余，还有什么遗憾？我不再为自己感到伤心，只是挂念你们兄弟罢了。

　　射君到来，说起丞相称赞你的智慧胆量都有很大增长，超过了我对你的期望。果真这样，我还有什么忧虑！你努力吧！你努力吧！不要因为是小恶事就去做，也不要因为是小善事而不去做。只有贤和德，才能使人信服。你的父亲德行浅薄，不要效法我。你可以读读《汉书》《礼记》，闲暇时广泛阅览诸子学说和《六韬》《商君书》以增加你的智慧。听说丞相抄写《申子》《韩非子》《管子》《六韬》一通已经完毕，未及送来，半道上就遗失了。你可以自己再多方面求得知识。

萧纲家训

【撰主简介】

　　萧纲（公元 503—551 年），即南朝梁简文帝。字世缵，小字六通，南兰陵（今江苏常州西北）人。梁武帝第三子。中大通三年（公元531年），立为皇太子。太清三年（公元 549 年），侯景率叛军攻破台城，梁武帝死，萧纲即位。大宝二年（公元 551 年），为侯景所破并幽禁，后被侯景用酒灌醉，用土囊压死。为太子时，常与文士徐摛、庚肩吾等友善，以轻靡绮艳的文辞，描写上层贵族生活，时称"宫体"。原有集，已散佚。后人辑有《梁简文帝集》。

　　萧纲不仅是个皇帝，也是一个学者、诗人、文学家，而且对儿子大心的学习十分重视，再三强调学习的重要性。下面着重介绍他的《戒子当阳公大心》，以飨读者。

诫子当阳公大心①

原文

汝年时尚幼，所缺者学。可久可大，其唯学欤！所以孔丘言②："吾尝终日不食，终夜不寝，以思，无益，不如学也。"③若使墙面而立④，沐猴而冠⑤，吾所不取。立身之道，与文章异：立身先须谨重，文章且须放荡⑥。

——节录自《梁简文帝集》

注释

①大心：字仁恕，萧纲第二子，以皇孙被封为当阳县公，后封寻阳王。为侯景将任约所害。②孔丘：即孔子。③引文见《论语·卫灵公》。④墙面而立：面对墙壁站立。《书·周官》："不学墙面。"孔传："人而不学，其犹正墙面而立。"⑤沐猴而冠：沐猴即猕猴。猕猴戴帽子，比喻虚有其表。⑥放荡：不受拘束，放恣任性。"文章且须放荡"，《诫子通录》作"文章亦勿放荡"，与"立身先须谨重"同而不异，恰与上文言"立身之道，与文章异"相矛盾，亦与萧纲的诗文风格不一致，今不取。

译文

你年龄还小，所缺的是学习。可以长久的、大有用处的，就是人的学习吧！孔丘说："我曾经整天不吃，整夜不睡，去冥思苦想，却没有什么好处，还不如去学习哩。"人不学习，如同面对墙壁站立，一无所见；又如猕猴戴着帽子，虚有其表，这是我所不赞同的。做人的道理与写文章不同：做人先要谨慎持重，写文章却必须不受约束，活泼跳荡。

赵匡胤家训

【撰主简介】

赵匡胤（公元 927—976 年），即宋太祖。涿州（今河北涿州）人。出生于洛阳。后周显德三年（公元 956 年），积功至殿前都指挥使，拜定国军节度使。显德六年（公元 959 年），升殿前殿点检。显德七年（公元 960 年）初，发动陈桥兵变，建立宋朝，改元建隆。次年，以杯酒释兵权的方式，解除石守信等重要禁军将领的兵权。继而采取了先南后北的战略，先后攻灭了南平、武平、后蜀、南汉、南唐等割据政权，并加强了对北方契丹的防御。赵匡胤在进行统一战争的同时，又改革官制，加强中央集权；还重视农业生产，注意兴修水利，减轻徭役，促进了社会经济的发展。

作为开国之君的赵匡胤，深深懂得"马上得之不可以马上治之"的道理，提倡读书和重用读书人。他曾经说过："宰相必用读书人。"他不仅自己勤奋好学，还诏命武臣多读书，"贵知为治之道"；勉励皇子多读书，"知治乱之大体"。在他的倡导和鼓励下，于是"臣僚始贵文学"。赵普在政治上颇有谋略，但也多凭经验办事，并非满腹经纶，在赵匡胤的影响和劝导下，赵普也养成了手不释卷的习惯。赵匡胤器量宽宏，不尚重刑厉法，用人亦不问资历，只注重才德兼备。

赵匡胤生活俭朴，反对奢靡，对亲族（包括皇后、皇子、公主、弟兄）要求甚

严，随时利用机会进行谆谆教诲，勉励他们为全国树立俭朴之风带一个好头，给后世留下较好的影响。今将有关赵匡胤劝公主、皇弟崇尚节俭的内容做一番介绍，以飨读者！

戒公主当节俭

原文

永庆公主曾衣贴绣铺翠襦入宫中①。上见之，谓主曰："汝当以此与我，自今勿复为此饰。"主笑曰："此所用翠羽几何？"上曰："不然，主家服此，宫闱戚里必相效。京城翠羽价高，小民逐利，展转贩易，伤生寝广，实汝之由。汝生长富贵，当念惜福，岂可造此恶业之端？"主惭谢。

永庆公主因侍坐，与皇后同言曰："官家作天子日久②，岂不能用黄金装肩舆，乘以出入？"上笑曰："我以四海之富，宫殿悉以金银为饰，力亦可办。但念我为天下守财耳，岂可妄用。古称以一人治天下，不以天下奉一人。苟以自奉养为意③，使天下之人何仰哉！当勿复言。"

——节录自《续资治通鉴长编》卷十三，太祖开宝五年七月

注释

①永庆公主：一说魏国长公主。按魏国长公主乃赵光义的第七女，此时尚未曾受封，故应以永庆公主为是。②官家：指皇帝。宋人称皇帝为官家。③意：原作"文"，据《宋史全文》卷二上改。

译文

永庆公主曾身穿缀满翠鸟（即翡翠鸟）羽毛的绣花短衣进入宫内。赵匡胤看见了，很严肃地对公主说："你把它给我吧，从今天起不要再穿翠羽服饰了。"公主笑着说："这又能用多少翠羽呢？"赵匡胤说："不能这样说。公主们常穿这种服饰，宫廷内外势必竟相仿效。这样一

来，京城翠羽价格必高。黎民百姓眼见有利可图，便纷纷争着辗转贩运，以牟取暴利。于是，不利于民生就会渐广。这些都是由你引起的啊！你从小生长在富贵环境中，应当时刻想到惜福，怎么能去带头做此不好的事呢？"公主觉得很惭愧，承认了自己的不是。

永庆公主陪侍在赵匡胤身旁，与皇后一道向赵匡胤进言说："陛下做天子已经很久了，难道就不能用黄金装饰轿子，乘坐着出入内外吗？"赵匡胤笑着说："我拥有四海财富，就算是用金银装饰全部宫殿，也完全能够办到。但是想到我是在为天下守护财富，怎么能够随便动用呢？古人说以一人治理天下，不是以天下奉养一人。如果我有意将全天下的财富奉养我一人，那么全天下的人还有什么可以依靠和指望的呢？因此，你们以后不要再这么说了。"

望胞弟不忘布衣时事

原文

乾德、开宝间，天下将大定，惟河东未遵王化，而疆土实广，国用丰羡，上愈节俭，宫人不及二百，犹以为多。又宫殿内惟挂青布缘帘、绯绢帐、紫紬褥，御衣止赭袍①，以绫罗为之，其余皆用绝绢。晋王己下因侍宴禁中②，从容言服用太草草，上正色曰："尔不记居甲马营中时耶③？"上虽贵为万乘，其不忘布衣时事皆如此。

——节录自《邵氏闻见录》卷七引《建隆遗事》

注释

①赭袍：元抄本作"赭黄袍"。②晋王：即宋太宗赵光义，太祖弟。开宝六年（公元973年）封为晋王。③甲马营：即夹马营。地名，在今河南洛阳东北。赵匡胤生于此地。

译文

太祖赵匡胤乾德、开宝年间，天下基本统一，只有北汉割据的河东（今山西境内）尚未归附。当时疆土广袤，物产丰富，国库充实，可是宋太祖却日益节俭。宫中侍仆不足二百名，宋太祖却还嫌多。另外官内日常起居所用也只是简单的缘帘、绯绢帐、紫紬褥等，宋太祖所穿也只是用绫罗制成的赭黄袍，其余衣物都以粗绸绢为原料。有一次，晋王和晋王以下的侍臣在官中参加宴会，从容地言及宫中的衣着和日用太简陋。宋太祖严肃地对他说："你不记得我们过去在夹马营时那段困苦的经历吗？"宋太祖虽然贵为天子，但其不忘昔日布衣时的事竟到了如此地步！

赵恒家训

【撰主简介】

赵恒（公元968—1022年），即宋真宗，赵光义第三子。原名赵德昌，后又改名元休、元侃。太平兴国八年（公元983年）封韩王。端拱元年（公元988年）封襄王。淳化五年（公元994年）封寿王，任开封府尹。至道元年（公元995年）立为太子，判开封府事。至道三年（公元997年），太宗死，继承皇位。

赵恒即位之初，勤于政事，任用李沆等人为相，颇能注意节俭，政治较为安定。只是到了后来，任用佞臣王钦若、丁渭等人，开始走向反面。景德五年（公元1008年）正月，迎奉"天书"，改元大中祥符；又东封泰山，西祀汾阴，谒曲阜孔庙和亳州太清宫；并广建道观，提倡佛、道、儒教，粉饰太平，劳民伤财，财政支出日增，社会矛盾趋于尖锐。

赵恒虽是历史上的平庸之君，但史书记载他一再限制和约束外戚特权，仍有可资借鉴之处，故特此介绍以飨读者。

约束外戚

原文

旧制，诸公主宅皆杂买务市物①，宗庆遣家僮自外州市炭②，所过免算，至则尽鬻之，复市于务中。自是诏杂买务罢公主宅所市场。

（宗庆）从祀汾阴，为行宫四面都巡检，进泉州管内观察使。又自言陕西市材木至京师，求蠲所过税。真宗曰："向谕汝毋私贩以夺民利，今复尔邪！"

——节录自《宋史》卷四六三《外戚上·柴宗庆传》

注释

①杂买务：官署名，属太府寺。宋初有市买司，太平兴国四年（公元979年）改称杂买务，负责购买宫廷、官府所需百物，以供需用。②宗庆：即柴宗庆。宗庆因娶赵光义女鲁国长公主，一生性极贪鄙，积财巨万，朝野颇多訾议。

译文

旧制规定，公主们宫里的所需皆由杂买务负责购买。驸马柴宗庆利用外戚身份，派遣家童到外地州郡采购木炭回京做转手生意，所过之处全都免税；抵京后拿到杂买务市场卖光。宋真宗得知，于是诏杂买务停止与公主府邸进行买卖。

此后，柴宗庆跟随宋真宗祭祀汾阴，担任行宫四面都巡检，旋又升任泉州管内观察使。于是又向宋真宗陈述派人至陕西买木材至京师，请求蠲免沿途的过境税。宋真宗十分严肃地对他说："以前我就告诉过你，不要私贩货物以夺民利，今天你又想要这么干吗？"

赵祯家训

【撰主简介】

赵祯（公元1010—1063年），即宋仁宗，赵恒的儿子。大中祥符八年（公元1015年）封寿春郡王。天禧二年（公元1018年）封升王，立为太子。乾兴元年（公元1022年）即位，初由刘太后垂帘听政，明道二年（公元1033年）太后死，始亲政。

赵祯在位四十二年，有"小尧舜"之称，又被称为北宋的极盛时期。其实，他在位期间土地兼并逐渐严重，官吏、军队人数和俸饷大量增加，冗官、冗兵、冗费成为当时的三大祸患，国家财政吃紧；加之西夏和辽不断入侵，使社会矛盾和民族矛盾出现激化。为了克服危机，赵祯于庆历三年（公元1043年）八月任范仲淹为参知政事，富弼为枢密使，推行新政，史称"庆历新政"。但因新政部分限制了大官僚和大地主的特权，实行时遇到强烈反对，不久即罢。

赵祯在位期间，社会经济和科学文化有所发展。他本人生活十分注意检点。据称，他曾采纳谏官王素"不近女色"的建议，将大臣王德用所进献的美女如数遣散。他对皇属要求较严，向他们言传身教，要求他们重俭朴，不扰民。他死时，其遗诏也强调丧礼从简。今将有关赵祯饬戒贵妃、皇族、外戚等的皇家家训内容做一扼要介绍，以飨读者。

戒贵妃勿通臣僚馈遗

原文

仁宗一日幸张贵妃阁，见定州红瓷器，帝坚问曰^①："安得此物？"妃以王拱辰所献为对^②。帝怒曰："曾戒汝勿通臣僚馈遗，不听何也？"因以所持柱斧碎之^③。妃惭谢，久之乃已。妃又曾侍上元宴于端门^④，服所谓灯笼锦者，上亦怪问。妃曰："文彦博以陛下眷妾，故有此献^⑤"。上终不乐。后潞公入为宰相，台官唐介言其过，及灯笼锦事，介虽以对上失礼远谪，潞公寻亦出判许州^⑥，盖上两罢之也。或云灯笼锦者，潞公夫人遗张贵妃，公不知也。唐公之章与梅圣俞《书窜》之诗^⑦，过矣。呜呼！仁宗宠遇贵妃冠于六宫，其责以正礼尚如此，可谓圣矣。

——节录自《邵氏闻见录》卷二

注释

①坚问：周星诒校本作"怪问"。②王拱辰：天圣八年（公元1030年）进士第一。历任权知开封府、御史中丞、三司使等职。政治上反对"庆历新政"。后以宝物贿赂张贵妃被劾，出任外官多年。③柱斧：拄杖、玉杖，是帝王权力的象征。④上元宴：即上元节举行的宴会。古以农历正月十五日为上元节。端门：宫殿正门。⑤文彦博：天圣年间进士。历任殿中侍御史、枢密副使、参知政事（副宰相）、同中书门下平章事（宰相）。历任仁宗、英宗、神宗、哲宗四朝。任宰相五十年。著有《潞公集》。⑥判：以大兼小谓之"判"。⑦梅圣俞：即梅尧臣，圣俞是其字。皇祐三年（公元1051年）进士。一生致力于诗歌创作，注重反映社会现实与重大政治斗争。与欧阳修同为北宋前期诗文革新运动领袖。皇祐三年，御史唐介上书仁宗，揭露文彦博以灯笼锦贿赂张贵妃等事，遭到仁宗贬谪。梅尧臣愤而写出长诗《书窜》予以抨击。

译文

一天，宋仁宗赵祯驾临张贵妃处，见到房中摆设有名贵的定州红瓷器。他深感奇怪地问道："你怎么得到这东西的?"贵妃连忙回答是大臣王拱辰进献的。宋仁宗听了，大怒说："我曾经告诫你不要接受臣僚的馈赠，你为什么不听?"于是用柱斧捣毁了这个瓷器。贵妃惭愧不已，连连谢罪。事情过了很久，才算平静下来。到了上元节这天，张贵妃又陪侍宋仁宗参加了在端门举行的上元宴。这时贵妃身上所穿的也是当时十分珍贵的所谓的灯笼锦。宋仁宗见了，又很奇怪地问它的来历。贵妃回答说："这是大臣文彦博因为我们是陛下的妃妾而进献的。"宋仁宗听了，一直闷闷不乐。以后文彦博升任宰相，殿中侍御史唐介向仁宗上书揭露他的过失，涉及了灯笼锦的事。唐介本人虽然因对皇帝失礼而被贬谪到很远的地方，但文彦博不久亦出判许州，这是皇帝对他们做出两罢的处理。另有一种说法称：所谓灯笼锦者，其实是文彦博夫人送给张贵妃的，文彦博本人初时亦不知晓此事。唐介的奏章和梅圣俞的《书窜》长诗，由于不了解情况，亦未免抨击得过头了。仁宗本十分宠爱张贵妃，但是当她有悖礼和违反规矩之处仍然毫不留情地予以斥责，这真可称为圣哲了。

戒外戚勿贪鄙

原文

珣字公粹[1]，以荫为阁门祗候[2]，时兄璋为阁门副使。珣又求通事舍人[3]，仁宗曰："爵赏所以与天下共也，倘尽用亲戚，何以待勋旧乎?"

——节录自《宋史》卷四六四《外戚中·李用和附李珣传》

注释

①珣字公粹：珣即李珣，字公粹。其父李用和系真宗李皇后（即章懿皇太后）之弟，其兄李玮娶宗室充国公主。②阁门祗候：宋置阁门祗

候，与阁门宣赞舍人并称阁职，担任传宣引赞之事。③通事舍人：即阁门通事舍人，掌宣传赞谒之事。

译文

李珣字公粹，由于其父李用和系国舅的关系而当上了阁门祗候，其兄李璋亦任阁门副使。李珣仍不满足，又向皇帝提出要当通事舍人。仁宗责备他说："官爵俸赏原本应与天下人共享的。如果我把爵赏都给了亲戚们，又拿什么去待为国立功的元老勋臣呢？"

带头崇尚节俭

原文

仁宗皇帝时，大臣曾入寝殿问疾，见帝盖旧黄绝被①。宫人取新被覆其上，然亦黄绝也。躬俭如此，故仁恩渗洒，四十二年，号称至治。至今虽田夫野老，言及必流涕。

——节录自《建炎以来系年要录》卷八三

注释

①绝：一种粗绸子。

译文

宋仁宗皇帝时，大臣们曾进入寝殿问候生病的皇帝，见到皇帝身上盖的是一床旧的粗黄绸面被。后来宫人又弄来一床新被覆盖在上面，这新被却依然是粗黄绸面被。如此亲身节俭，所以仁宗皇帝的仁义厚德一直深入人心，他在位达四十二年之久，号称至治。直到后来民间的田夫野老，一提及仁宗的节俭还激动得流泪。

赵顼家训

【撰主简介】

赵顼（公元1048—1085年），即宋神宗。宋英宗赵曙的长子。嘉祐八年（公元1063年），封淮阳郡王。治平元年（公元1064年），封颍王。治平三年（公元1066年），立为太子。治平四年（公元1067年）即位，力图"思除历世之弊、务振非常之功"。赵顼是北宋时期大有作为之君。熙宁二年（公元1069年）二月，以王安石为参知政事，开始了以富国强兵为宗旨的变法。变法推行了十几年，使国家财政收入有所增加，军事力量也有所增强。但是，新法遭到保守派的强烈反对，使神宗动摇不定，致使变法最终失败。

赵顼个人生活简朴，不治宫室，不事游幸，重视对子弟皇族的教育管束，不放过任何可资训诫和引导的机会。今将有关赵顼戒外戚、戒子嗣的皇家家训内容做一简要介绍，以飨读者。

树立典型饬戒皇亲国戚

原文

曹佾字公伯，韩王彬之孙，慈圣光献皇后弟也①……神宗每咨访以政，然退朝终日，语不及公事。帝谓大臣曰："曹王虽用近亲贵，而端拱寡过，善自保，真纯臣也。"

——节录自《宋史》卷四六四《外戚中·曹佾传》

注释

①慈圣光献皇后：即宋仁宗曹皇后，韩王曹彬的孙女，仁宗景祐元年（公元1034年）册为皇后。英宗即位，尊为皇太后。神宗即位，尊为太皇太后。

译文

曹佾字公伯，韩王曹彬之孙，慈圣光献皇后之弟……神宗皇帝十分器重他，每每向他咨询国家政务。可是退朝后，一天下来，却从不见他谈及公事。神宗深有感触地对大臣说："曹王虽是由于近亲而得贵，可是他却谦恭无为而寡过，善守身自重，真是品质单纯高洁的臣子啊！"

勉励皇太子熟读经书

原文

天锡年九岁，礼部试诵《七经》皆通①。上召入禁中，取诸经试之，随问即诵，叹曰："此童诵书不遗一字，又无所畏惧，乃天禀也。"延安郡王时在旁②，上指天锡而抚王曰："汝能如彼诵书乎？"

——节录自《续资治通鉴长编》卷三四五神宗元丰七年四月丁丑条

注释

①礼部：官署名，为六部之一，掌礼乐、祭祀、封建、宴乐及学校贡举的政令。《七经》：即《诗》《书》《易》《礼》《春秋》《论语》《孟子》。②延安郡王：即宋哲宗赵煦，神宗子。元丰五年（公元1082年）封延安郡王，元丰八年（公元1085年）立为皇太子。

译文

神童朱天锡这年才九岁，经礼部测试，被认为《七经》皆通。宋神宗赵顼知道后，将他召入宫中，拿出上述各经亲自测试。天锡有问必答，所问都能背诵得出来。于是宋神宗发表感叹说："这个孩童背诵经书竟一字不漏，且无所畏惧，神情自若，真是天赋啊！"这时延安郡王也在身旁，宋神宗指着天锡而抚摸着郡王说："你能像他这样熟练地背诵经书吗？"

萧何家训

【撰主简介】

萧何（约公元前257—前193年），汉初大臣，沛县（今属江苏）人，曾为沛县吏。秦末佐刘邦起义。起义军入咸阳，诸将皆争取金帛，萧何独收秦相府律令图书，得以掌握全国山川险要、郡县户口和社会情况。楚汉战争中，荐韩信为大将，自任丞相，留守关中，输兵馈饷，军需无乏，对刘邦战胜项羽，建立汉朝，立有大功。天下已定，以功第一封酂侯。定律令制度，协助刘邦消灭韩信、陈豨、英布等异姓诸侯王，执行"与民休息"的政策，对发展生产、巩固中央集权起过重要作用，为开国名相。所作《九章律》，今佚。

萧何对子孙要求相当严格。这里介绍他的《诫后世》，以飨读者。

诫后世

原文

后世贤①，师吾俭②；不贤，毋为势家所夺③。

——节录自《史记·萧相国世家》

注释

①后世贤：《汉书·萧何传》作"令后世贤"。②师：效法。③势家：指有权势的人家。

译文

后辈如果有才能，就效法我的节俭；如果没有才能，也不要被有权势的人家所侵夺。

韦玄成家训

【撰主简介】

韦玄成，汉邹人。字少翁。其父贤为宣帝时丞相，世习《鲁诗》，号称邹鲁大儒。玄成明经好学，继修父业，礼贤下士，敬爱贫贱，名誉日广。父贤卒，诏玄成继父嗣，伴病狂不应召。后不得已受父爵。元帝时，官至丞相。

玄成严于律己，对子孙要求也非常严苛。这里介绍他的《戒子孙诗》，以飨读者。

戒子孙诗

原文

于肃君子①，既令厥德②，仪服此恭③，棣棣其则④。咨余小子，既德靡逮⑤，曾是车服⑥，荒嫚以队⑦。

明明天子⑧，俊德烈烈⑨，不遂我遗⑩，恤我九列⑪。我既兹恤，惟夙惟夜，畏忌是申⑫，供事靡惰。天子我监⑬，登我三事⑭，顾我伤队⑮，爵复我旧。

我既此登，望我旧阶，先后兹度，涟涟孔怀⑯。司直御事⑰，我熙我盛⑱；群公百僚，我嘉我庆。于异卿士，非我同心，三事惟艰，莫我肯矜⑲。赫赫三事⑳，力虽此毕，非我所度，退其罔日㉑。昔我之队，畏不此居，今我度兹，戚戚其惧㉒。

嗟我后人，命其靡常，靖享尔位㉓，瞻仰靡荒㉔。慎尔会同㉕，戒尔车服，无媂尔仪，以保尔域。尔无我视，不慎不整；我之此复，惟禄之幸㉖。于戏后人㉗，惟肃惟栗㉘。无忝显祖㉙，以蕃汉室㉚！

——节录自《汉书·韦贤传》

注释

①于：叹词。肃：敬。②令：善；美。厥：第三人称代词。③仪：仪表容止。服：服饰。④棣棣：亦作"逮逮"。雍容娴雅的样子。《诗经·邶风·柏舟》："威仪棣棣。"⑤逮：及；赶上。⑥车服：车和章服。《尚书·舜典》："明试以功，车服以庸。"注："功成则赐车服以表显其能用。"⑦嫚：轻慢。队："坠"的古字。⑧明明：明智聪察。多用来歌颂帝王和神灵。⑨俊：通"峻"，大。烈烈：威武的样子。⑩遂：终。⑪恤：安置。九列：九卿（古时中央政府的九个高级官职）之位。时韦玄成任九卿中少府一职，掌山海池泽收入和皇室手工业制造。⑫申：自我约束。⑬监：监视；督察。⑭登：升。三事：三公（司徒、司马、司空）之位。此处指丞相。⑮队："坠"的古字。⑯涟涟：泪流不止的样子。孔：甚。⑰司直：官名。汉代置司直，掌佐丞相检举不法。御事：治事之吏。⑱熙：兴盛。⑲矜：通"怜"，怜悯；同情。⑳赫赫：显耀盛大的样子。㉑退：贬退。罔：无。㉒戚戚：忧惧的样子。㉓靖：图谋。享：享用。㉔瞻仰：仰望。㉕会同：古代诸侯朝见天子的通称。㉖禄：福。㉗于戏：感叹词。同"鸣呼"。㉘栗：严肃。㉙忝：辱；有愧于。显祖：对有功业的祖先的美称。㉚蕃：通"藩"，屏障之义。

译文

啊！那高尚的君子，都肃敬以使自己的德行美善；他们的仪表容止和服饰是那样恭敬而雍容娴雅，足可为他人所效法。唉！我这不中用的人，德行已是赶不上君子；还要荒嬉轻慢，竟然失去祖辈受赐的车和章服。

明智聪察的天子，伟大的德行，多么威武；不追究我的过失，委任我少府一职。我已经担任了这个职务，只有早晚警戒，小心畏惧，自我约束，恪守自己的职责，不敢懈惰。天子督察我的工作，把我升上三公之位；又顾念我曾因贬职而忧伤，恢复我原有的爵位。

我已经登上三公之位，瞻望我原有的爵阶，我父亲也曾经担任丞相职务，我不禁泪流不止，忧思满怀。司直和治事之人佐我兴盛而为职务，群公百僚都来相庆。但这些卿士并不和我同心，丞相的职事非常艰难，却没有人对我表示同情。丞相的职事多么显耀盛大，我尽管尽全力来做它，但仍不是我所能胜任的，只担心会贬退无日。从前我失去官职，害怕的不是担任了丞相职务；今天我身居丞相之位，却战战兢兢，非常恐惧。

啊！我的子孙，天命无常，你们要考虑如何恪守你们的职责，丝毫也不要荒怠。朝见天子时要小心谨慎，戒慎你们的车服，不要懈惰你们的仪容，以保住你们的封邑。你们不要效法我，不谨慎、不严整；我之所以恢复了旧有的爵位，完全是幸运地得到了上天的恩赐。啊！我的子孙，你们要严肃戒慎，不要辱没了你们的祖先，要一心一意保卫汉室！

梁商家训

【撰主简介】

梁商（？—公元141年），东汉安定乌氏（今甘肃平凉西北）人。字伯夏。其姑为和帝生母，女儿为顺帝皇后。商少以外戚拜郎中，迁黄门侍郎。永建三年（公元128年），迁侍中、屯骑校尉。后官至大将军。

商为人谦让柔和，能虚己进贤。这里介绍他的《敕子冀等》，以飨读者。

敕子冀等①

原文

吾以不德，享受多福。生无以辅益朝廷，死必耗费帑臧②，衣衾饭唅玉匣珠贝之属③，何益朽骨。百僚劳扰，纷华道路④，只增尘垢，虽云礼制，亦有权时⑤。方今边境不宁，道贼未息，岂宜重为国损！气绝之后，载至冢舍⑥，即时殡敛⑦。敛以时服⑧，皆以故衣，无更裁制。殡已开冢，冢开即葬。祭食如存⑨，无用三牲⑩。孝子善述父志⑪，不宜违我言也。

——节录自《后汉书·梁统传》

注释

①冀：梁冀（？—公元159年），字伯卓。父商死后，继为大将军。顺帝死，与妹梁太后先后立冲、质、桓三帝，专断朝政二十年。后桓帝

谋诛梁氏，他因而自杀。②帑藏：国库。藏，通"藏"。积贮；库藏。③饭晗：以珠玉贝米之类纳于死者口中。《白虎通》："大夫饭以玉，晗以贝；士饭以珠，晗以贝。"④纷华：繁华富丽；荣耀。⑤权时：衡量时势。⑥冢舍：古代墓旁的房舍，供死者子孙守墓居住。⑦殡：殓而未葬。敛：通"殓"。给尸体穿衣下棺。⑧时服：平时的衣服。⑨存：活着。⑩三牲：古代指用于祭祀的牛、羊、猪。⑪述：顺行。

译文

我的品德不怎么样，却享受过多的福禄。活着对朝廷没有什么助益，死了倘若耗费国库，浪费那些收殓的衣衾、口含的珠贝、陪葬的玉匣一类实物，对朽骨有什么好处？死后弄得百官劳累忙扰，繁华富丽的道路上徒自增多一些灰尘垢土而已。这样做虽然是礼制的要求，但也应当有权时度势的时候。现在边境不安宁，盗贼没有平息，哪里能够再给国家造成损失呢？我断气之后，把我的尸体运到墓旁的房舍及时安葬。给我穿上衣服，都用我平时穿过的旧衣，不要再另外裁制。停葬完毕就开墓，墓开好以后就下葬。祭祀的食品如同我活着的时候，不要采用牛、羊、猪三牲。孝子要好好顺行我的意志，不应当违背我说的话。

诸葛亮家训

【撰主简介】

诸葛亮（公元181—234年），三国时蜀汉政治家、军事家。琅琊阳都（今山东沂南南）人。字孔明。东汉末，隐居邓县隆中（今湖北襄阳西）躬耕陇亩。善计谋，通兵法，留心世事，自比管仲、乐毅，人称"卧龙"。建安十二年（公元207年），刘备三顾茅庐乃见，他向刘备提出占据荆（今湖北、湖南）、益（今四川）两州，和好西南各族，东联孙吴，北伐曹魏，统一全国的策略，即"隆中对"。从此成为刘备的主要谋士。后佐刘备联孙攻曹，大败曹兵于赤壁，并占据荆、益两州，建立了蜀汉政权。曹丕代汉，他辅佐刘备称帝，任丞相。建兴元年（公元223年），刘禅继位，他以丞相封武乡侯，兼领益州牧，并决以政事。当政期间，励精图治，整官制，修法度，任人唯贤，赏罚必信，推行屯田，并改善和西南各族的关系，有利于

当地经济、文化的发展。曾五次率军北伐攻魏，争夺中原。建兴十二年（公元234年），与魏司马懿在渭南相拒，病死于五丈原军中，葬定军山（今陕西勉县东南）。传曾革新连弩，能同时发射十箭。又制造"木牛流马"，有利于山地运输。著作有《诸葛亮集》。

诸葛亮治国有术，治家也有方。这里介绍他的《诫子书》二则、《诫外孙》一则，以飨读者。

诫子书

原文

夫君子之行，静以修身，俭以养德；非淡薄无以明志①，非宁静无以致远。夫学欲静也，才欲学也；非学无以广才，非静无以成学。慆慢则不能研精②，险躁则不能理性③。年与时驰，意与日去，遂成枯落④，多不接世⑤，悲守穷庐⑥，将复何及！

夫酒之设，合礼致情，适体归性⑦，礼终而退，此和之至也⑧。主意未殚⑨，宾有余倦，可以至醉，无致于乱。

——节录自《汉魏六朝百三名家集·诸葛丞相集》

注释

①淡薄：恬淡寡欲。②惛慢：怠慢。研精：精深的研究。③险躁：急躁。④枯落：枯黄的落叶。喻人生易逝。⑤接世：与世交际。⑥穷庐：亦作"穷庐"。古代以称游牧民族居住的毡帐。⑦归性：返回本性。⑧至：极；最。⑨主：主人。殚：尽。

译文

君子的行为，宁静用来修养身心，卑谦用来培养品德；不恬淡寡欲就没有办法显明自己的志向，不宁静就没有办法达到远大的目的。学习需要内心宁静，才能需要通过学习获得。不学习就没有办法扩大自己的才能，内心不宁静就不能成就自己的学问。怠慢懒惰就不能进行精深的研究，内心急躁就不能理顺自己的性情。年华随着时光逝去，意志随着日子一天天消逝，就如同变成枯黄的落叶，大多不能与世交际，悲哀地坐守在毡帐里面，那时再来后悔，还怎么来得及！

酒的设置，是为了符合礼节，表达情意，适应身体的需要，使人返回自己的本性。礼仪完毕就结束酒宴，这就是和的顶点了。主人的意致未尽，宾客也还有余兴，可以喝到醉的程度，但不要出现乱性的场面。

诫外孙

原文

夫志当存高远，慕先贤，绝情欲，弃凝滞①，使庶几之志揭然有所存②，恻然有所感③，忍屈伸，去细碎，广咨问，除嫌吝④，虽有淹留⑤，何损于美趣？何患于不济问⑥？若志不强毅⑦，意不慷慨⑧，徒碌碌滞于俗⑨，默默束于情⑩，承隘伏于凡庸⑪，不免于下流矣⑫。

——节录自《汉魏六朝百三名家集·诸葛丞相集》

注释

①凝滞：粘着；拘牵。《楚辞·渔父》："圣人不凝滞于物，而能与世推移。"②庶几：旧指贤者。揭然：高高的样子。揭，高举。③恻然：诚恳的样子。恻，通"切"。诚恳。④嫌吝：仇隙和耻辱。⑤淹留：滞留；停留。⑥患：忧虑。济：成功。⑦强毅：坚强；果决。⑧慷慨：意气激昂。⑨碌碌：平庸貌；随众附和貌。滞：滞留。⑩默默：不得意的样子。束：拘束。⑪承：继续。窜：伏匿。凡庸：平凡；平庸。⑫下流：河流接近出口的部分。比喻卑下的地位。

译文

一个人的志向应当保持高远，仰慕先贤人物，断绝情欲，不凝滞于物，使贤者的志向高高地有所保存，诚恳地有所感受，能屈能伸，抛弃琐碎的东西，广泛地向人咨问，除去仇隙和耻辱，即使有所滞留，对于美趣又有什么损害？又担忧什么不会成功？如果意志不坚定，意气不激昂，徒然随众附和，滞留于世俗，不得意地拘束于感情，只会继续伏匿于平凡人之中，终究不免于卑下的地位。

陆逊家训

【撰主简介】

陆逊（公元183—245年），三国吴郡吴县华亭（今上海松江）人。本名议，字伯言。出身江南士族。孙策婿。初为孙权幕僚，后为海昌屯田都尉。善谋略。经吕蒙推荐，召拜偏将军、右都督。代蒙屯陆口，以功封娄侯。曾与吕蒙定袭取关羽之计。黄武元年（公元222年），刘备攻吴，他任大都督，坚守七八月不战，直待蜀军疲惫，利用顺风放火，取得彝陵之战的胜利，加拜辅国将军。黄武七年（公元228年），又破魏扬州牧曹休于石亭（在今安徽怀宁、桐城间）。后任荆州牧，久镇武昌（今湖北鄂城），官至丞相。

陆逊要求子弟很严。这里介绍他的《诫子弟》，以飨读者。

诫子弟

原文

逊以为子弟苟有才①，不忧不用，不宜私出以为荣利；若其不佳，终为取祸。

——节录自《三国志·陆逊传》

注释

①苟：如果。

译文

我认为子弟如果真有才华，不用担忧不被任用，不应当私自外出为自己谋求荣誉和利益；如果子弟不成才，终究只会给他带来灾祸。

王祥家训

【撰主简介】

王祥（公元185—269年），晋琅琊临沂（今属山东）人。字休征。汉末值世乱，扶母携弟，避地庐江（治今安徽舒城），隐居三十余年。后徐州刺史吕虔檄为别驾，任温（今河南温县西南）令，累迁大司农。魏高贵乡公即位，与定策功，封万岁亭侯，拜司空转太尉。晋代魏，官至太保。事后母朱氏，以孝著称，旧时民间流传有王祥卧冰求鲤的故事。

王祥虽身居高位，但一生节俭，"高洁清素，家无宅宇"，临终也要求薄葬。

临终诫五事

原文

夫生之有死，自然之理。吾年八十有五①，启手何恨②？不有遗言，使尔无述③。吾生值季末④，登庸历试⑤，无毗佐之勋⑥，没无以报⑦。气绝⑧，但洗手足，不须沐浴⑨，勿缠尸，皆浣故衣⑩，随时所服⑪。所赐山玄玉佩、卫氏玉玦⑫、绶笥⑬，皆勿以敛⑭。西芒上土自坚贞⑮，勿用甓石⑯，勿起坟⑰。陇穿深二丈⑱，椁取容棺⑲。勿作前堂，布几筵⑳，置书箱、镜奁之具㉑，棺前但可施床榻而已㉒。糟脯各一盘㉓，玄酒一杯㉔，为朝夕奠㉕。家人大小不须送丧，大小祥乃设特牲㉖，无违余命。高柴泣血三年㉗，夫子谓之愚；闵子除丧出见㉘，援琴切切而哀㉙，仲尼谓之孝㉚。故哭泣之哀、日月降杀、饮食之宜，自有制度。夫言行可复，信之至也㉛；推美引过㉜，德之至也；扬名显亲，孝之至也；兄弟怡怡㉝，宗族欣欣㉞，悌之至也㉟；临财莫过乎让。此五者，立身之本，颜子所以为命㊱，未之思也，夫何远之有！

——节录自《晋书·王祥传》

注释

①有：作"又"解，用于整数与零数之间。②启手：指得善终。《论语·泰伯》："曾子有疾，召门弟子曰：'启予足，启予手'。"③述：遵循；顺行。④季末：末世；衰微的时代。⑤登庸：选拔重用。⑥毗佐：辅佐。⑦没：通"殁"。死亡。⑧气绝：断气。⑨沐浴：洗澡。⑩浣：洗濯。故衣：以前的衣服；旧衣服。⑪随时：随时令。⑫玉玦：佩玉的一种，其形如环而有缺口。⑬绶笥：系有丝带的盛饭食或衣物的方形竹器。⑭敛：通"殓"。给尸体穿衣下棺。⑮西芒：当为地名。坚贞：坚硬。⑯甓：砖。⑰坟：古代坟、墓有别。墓指墓穴，坟是高出地面的土堆。⑱陇：通"垄"。坟墓。⑲椁：棺外的套棺。⑳几：矮小的桌子，用以搁置物件。筵：竹席。㉑镜奁：镜匣。奁，古代盛放梳妆用品的器具。㉒榻：无顶无框的小床。㉓糒：干粮。脯：干肉。㉔玄酒：古代称行祭礼时当酒用的水。㉕奠：祭；向鬼神献上祭品。㉖祥：丧祭名。大祥，古代父母丧二周年的祭礼。小祥，古代父母丧后一周年的祭礼。特：家畜一头。牲：供祭祀及食用的家畜。㉗高柴：孔子弟子，字子羔。泣血：谓因亲丧而哀伤之极。《礼记·檀弓上》："高子皋之执亲之丧也，泣血三年。"高子皋，即高柴。《论语·先进》："柴也愚。"㉘闵子：闵子骞，孔子弟子，名损。除丧：也叫"除服"。守孝期满，除去丧服。《论语·先进》："孝哉闵子骞！人不间于其父母昆弟之言。"㉙切切：形容声音的凄厉。㉚仲尼：指孔子。㉛信：诚信。至：极；最。下三"至"字同。㉜推：推诿。引：自承。㉝怡怡：和悦貌。㉞宗族：同宗同族之人。欣欣：喜乐貌。㉟悌：敬爱兄长，引申为顺从长上。㊱颜子：颜回，字子渊，孔子弟子。

译文

一个人有生就有死，这是自然之理。我活了八十五岁，能得善终，又有什么遗憾？如果没有遗言，将会使你们没有可顺从的。我生逢末世，被朝廷选拔重用，连续做官，生前没有辅佐的功劳，死了也没有用来报答朝廷的。我断气以后，只要洗手和脚，不需洗澡，不用缠身，把旧衣服都洗干净，随时令给我穿上。朝廷所赐的山玄玉玦、卫氏玉玦以及绶笥等物，都不要拿来下葬。西芒上土质本来就坚硬，不要用砖石，不要起

坟。墓穴挖深二丈，套棺能容下棺材就行了。不要设置前堂，只要陈设一张小桌子，铺上竹席，摆上书箱、镜盒等物，棺材前面只要能够施放床铺就行了。干粮、干肉各一盘，玄酒一杯，作为早晚的祭品。家人大小不需为我送丧，我死后一周年、两周年为我举行祭礼时才陈设一头家畜，你们不要违反我的遗命。高柴亲人死了，哀伤了三年，孔子说他愚；闵子骞守丧期满，除去丧服，出来会见客人，弹琴时声音凄厉哀切，孔子说他孝。因此哭泣的哀伤程度、日月降杀以及饮食的适宜，本来有一定的制度。言行可以得到兑现，这是最诚信的表现；推诿美事，自承过错，这是一种最好的品德；使自己的名声被人传播和称颂，使亲人也同时受到显扬，这是一种极好的行为；兄弟之间和睦共处，同族之间欢欢乐乐，这是敬爱兄长、顺从长上的最好表现；面对财物，没有比推辞不受更好的了。这五种行为，是一个人立身的根本道理，颜子把它视作生命。你们没有想过，这几种行为就从日常生活做起，离我们也就不远了！

荀勖家训

【撰主简介】

荀勖（？—公元 289 年），西晋颍阴（今河南许昌）人。字公曾。初仕魏，累任中郎。入晋为侍中，封济北郡公，后领秘书监，累迁光禄大夫，专管机事，官终尚书令。为人慎密，博学多识。晋武帝时得汲郡冢中古文竹书，受诏编撰为《中经》，列在秘书。又通音律，在其所制十二笛中，实际上已应用"管口校正"法。

谨慎无私最可取

原文

人臣不密则失身①，树私则背公，是大戒也。汝等亦当宦达人间②，宜识吾此意。

——节录自《晋书·荀勖传》

注释

①密：慎密。《韩非子·说难》："夫事以密成，语以泄败。"失身：丧失生命。《易·系辞上》："君不密则失臣，臣不密则失身。"②宦达：仕宦显达。

译文

做人臣的如果不慎密，就会丧失生命；树立了私心，就会背离公正；这是做人臣的大戒。你们活在世上，也应当设法使自己仕宦显达，但一定要体会到我这话的意思。

王僧虔家训

【撰主简介】

王僧虔（公元 426—485 年），南朝齐书法家。琅琊临沂（今属山东）人。晋王羲之四世族孙。南朝宋时任秘书，官至尚书令。入齐，转侍中、湖州刺史。喜文史，精音律，工正楷、行书。其书继承祖法，丰厚淳朴而有气骨，为当时所推崇，影响及于唐宋。书迹有《王琰帖》等。著有《论书》等篇。

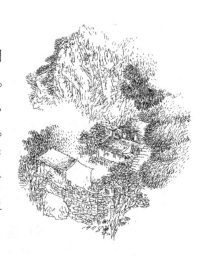

读书学习切戒一知半解

原文

知汝恨吾不许汝学，欲自悔厉①，或以阖棺自欺②，或更择美业，且得有慨，亦慰穷生。但亟闻斯唱③，未睹其实，请从先师，听言观行，冀此不复虚身。吾未信汝，非徒然也。往年有意于史取《三国志》聚置床头百日许④，复徙业就玄⑤，自当小差于史，犹未近仿佛。曼倩有云曰⑥："谈何容易！"见诸玄志⑦，为之逸肠⑧；为之抽专一书，转通数十家注；自少至老，手不释卷，尚未敢轻言，汝开《老子》卷头五尺许⑨，未知辅嗣何所道⑩，平叔何所说⑪，马、郑何所异⑫，指例何所明⑬，而便盛于麈尾⑭，自呼谈士，此最险事。设令袁令命汝言《易》⑮、谢中书挑汝言《庄》⑯、张吴兴叩汝言《老》⑰，端可复言未尝看邪⑱？谈故如射⑲，前人得破，后人应解不解，即输睹矣。且论注百氏，荆州八帙⑳；又才性四本㉑，声无哀乐，皆言家口，实如客至之有设也。汝皆未经拂耳瞥目㉒，岂有庖厨不修㉓，而欲延大宾者哉㉔！就如张衡思侔造化㉕，郭象言类悬河㉖，不自劳苦，何由至此？汝曾未窥其题目，未辨其指归，六十四卦未知何名㉗，《庄子》众篇何者㉘，内外八帙所载凡有几家㉙，四本之称以何为长，而终日欺人，人亦不受汝欺也。由吾不学，无以为训，然重华无严父㉚，放勋无令子㉛，亦各由己耳。汝辈窃议㉜，亦当云："阿越不学，在天地间可嬉戏，何忽自课谪㉝？幸及盛时逐岁暮，何必有所减？"汝见其一耳不全尔也。设令吾学如马、郑，亦必甚胜；复倍不如今，亦必大减。致之有由，从身上来也。今壮年自勤数倍许胜劣及吾耳，世中比例举眼是，汝足知此，不复具言㉞。

吾在世虽乏德素，要复推排人间数十许年，故是一旧物人，或以比数汝等耳。即化之后㉟，若自无调度，谁复知汝事者？舍中亦有少负令誉、弱冠越超清级者㊱，于时王家门中，优者则龙凤，劣者犹虎豹，失荫之后㊲，岂龙虎之议？况吾不能为汝荫政，应各自努力耳！或有身经三公㊳，蔑尔无闻㊴；布衣寒素㊵，卿相屈体；或父子贵贱殊，兄弟声名异，何也？体尽读数百卷书耳。吾今悔无所及，欲以前车诫尔后乘也㊶。汝年人立境㊷，方应从官，兼有室累牵役情性；何处复得下帷如王郎时邪㊸？为可作世中学取过一生耳。试复三思，勿讳吾言！犹捶挞志辈㊹，冀脱万一未死之间望有成就者㊺，不知当有益否？各在尔身已切身，岂复关吾邪？鬼唯知爱深松茂柏，宁知子弟毁誉事？因汝有感，故略叙胸怀。

——节录自《南齐书·王僧虔传》

注释

①厉：通"励"。勉励。②阖：关闭。③但：只。亟：屡次。④《三国志》：西晋陈寿撰。专记魏、蜀、吴三国史事。百日许：百来天。许，约计的数量。⑤徙业：改变学业。徙，迁移。玄：指玄学，即道家

之学。⑥曼倩：东方朔，字曼倩。西汉文学家。⑦诸："之于"的合音。⑧逸肠：指心情愉快。逸，安闲。⑨《老子》：道家学派主要著作。⑩辅嗣：王弼，字辅嗣。三国魏玄学家。⑪平叔：何晏，字平叔。三国魏玄学家。⑫马、郑：马，马融，字季长。东汉经学家、文学家。郑，郑玄，字康成。东汉经学家。⑬指例：即体例。著作的体裁凡例。⑭麈尾：魏晋人清谈时常执的一种道具，用麈（一种野兽）的尾毛制成。⑮袁令：袁宏，字彦伯。东晋文学家、史学家。⑯谢中书：谢灵运，南朝宋诗人。其诗带有"玄言"余习。⑰张吴兴：人名。不详。吴兴人，故称。叩：询问。⑱端：真正。⑲射：有所指。⑳帙：包书的套子，用布帛制成。因即谓书一套为一帙。㉑才性：三国魏末清谈命题之一。指才能与性格的相互关系。四本：《世说新语·文学》："钟会作《四本论》。"刘孝标注引《魏志》："会尝论才性同异，传于世。四本者言才性同、才性异、才性合、才性离是也。"当时傅嘏、钟会、李丰、王广分别代表才性同、才性异、才性离、才性合四种主张。㉒拂耳瞥目：耳闻目睹。㉓庖厨：厨房。㉔延：邀请。㉕张衡：东汉科学家、文学家。侔：齐等。造化：指天地、自然界。㉖郭象：西晋哲学家。好老庄，善清谈。悬河：形容说话滔滔不绝。㉗六十四卦：《周易》中的八卦，两卦相重成为六十四卦。㉘《庄子》：也称《南华经》，道家经典之一。㉙凡：共。㉚重华：虞舜名。㉛放勋：唐尧的称号，一说是尧的名。令：善；美。令子：犹言佳儿，旧时多用于称呼他人之子。㉜窃议：私下议论。㉝课：考查；考核。谪：责备。㉞具：通"俱"。都；完全。㉟化：死。㊱越超：超出；胜过。㊲荫：封建时代由于父祖有功而给予子孙入学或任官的权利。㊳三公：太尉、司徒、司空为魏晋时三公。㊴蔑：无；没有。尔：词尾。㊵布衣：平民。后来多以称没有做官的读书人。寒素：家世清贫。亦指家世清贫的人。㊶前车：比喻可以引为教训的往事。㊷立境：指三十岁。《论语·为政》："三十而立。"㊸下帷：帷，室内悬挂的幕。"下帷"常用作闭门读书的代辞。㊹捶挞：鞭策。志：王僧虔的儿子。㊺冀：希望。

译文

我知道你怨恨我不许你学习，打算自我勉励，或者说闭门读书来欺骗自己，或者另外选择好的学业，况且能够有所感慨，也可安慰自己这一生。只是我屡次听到你的这种高调，却未看到实际效果。你请求顺从先师，听取你的言论，观察你的行动，希望不再虚度一生。我没有听信你的话，不是徒然的啊！我往年有意从史书中取《三国志》聚置床头百来天，再改变学业，接近玄学，自然应当和史稍有差错，但还是没有接近相似。东方朔说："谈何容易！"见之于玄志，为之心情畅快；为之从中抽出专看一书，能够转通数十家注解；从年少至年老，手不释卷，还不敢轻易这么说，你打开《老子》一书卷头五尺左右，不知道王弼说的什么，何晏说的什么，马融、郑玄的学问有什么不同，体例怎样辨明，就汲汲于清谈，自称为谈士，这是最危险的事。假设袁宏要你谈论《易经》，谢中书提出要你谈论《庄子》，张吴兴问你有关《老子》的内容，你难道要说不曾看过吗？谈起往事如同有所指，前人能够破解，后人应解不解，就输睹了。况且论注一百家，荆州就占有八套；又才性四本，声无哀乐，都说的是家中人口，实际上就如同客人来了有所陈设一样啊。这些你都没有经过耳闻目睹，哪里有不整治厨房，就打算邀请宾客的呢！就如同张衡想着和大自然齐等，郭象说起话来滔滔不绝，如果他们不亲自勤劳辛苦，又怎么能到这种地步？你从来没有看过其题目，没有辨明其宗旨所向，《易经》六十四卦不知道什么名字，《庄子》一书有些什么篇名，内外八帙所记载的共有几家，四本的名称以谁为长，却成天欺人，别人也不受你欺骗啊！由于我不学习，没有什么用来教训你的，但是虞舜无严父，唐尧无佳儿，也各自由他们自己罢了。你们私下议论，也应当说："阿越不学习，在天地间可以自由嬉戏，为什么忽然自我谴责？幸亏赶上盛时来追逐岁暮，何必有所减呢？"你只见到他一耳不全罢了。假令我学业如同马融、郑玄，也一定很不一般；再加倍不如现在，也一定大减。导致这种结果有一定缘由，是从自己身上来的啊！现在壮年人自己勤劳数倍，胜劣赶上我的，世上这样的例子到处都是，你足够知道这一点，我不再详细说了。

我活在世上虽然缺乏德素，但要再推究人间数十来年，虽是一旧物人，或者比你们强数倍了。就是死了以后，如果自己没有指挥调遣，又有谁再知道你们事情的。家中也有从小就负有美好的名声、到了二十岁左右就远远超过一般人的，在那时王家门中，子弟优秀的就如同龙凤，差一点儿的也还如同虎豹，失去祖先功德的卫护以后，哪里还有龙虎之议？何况我不能为你们留下可以依恃的功德，你们应各自努力！或者有人虽然一身任过三公之职，但最终却默默无闻；而有人虽然出身平民，家世清贫，但达官贵人也对他弯腰致意；或者父子两代贵贱悬殊，兄弟两人声名相异，这是什么原因呢？是一生读数百卷书罢了。我现在后悔无所及，打算用一些可以作为教训的往事来警诫你们今后的作为。你正进入而立之年，才从政做官，加上有家室拖累牵役的影响，何处再能像王郎时一样闭门读书呢？只能作人世中学取以度过一生罢了。你试着再三思考，不要隐讳我说的话，同时鞭策你兄弟王志等人，希望万一未死之间可望有成就的，不知道是不是有益？分别在于你们自己而已，哪里再与我相关呢？鬼只知道喜爱深松茂柏，哪里知道子弟毁誉的事情？因你而有所感受，因此稍微抒发自己的胸怀。

徐勉家训

【撰主简介】

徐勉（公元466—535年），南朝梁东海郯（治今山东郯城北）人。字修仁。幼孤贫，六岁即能率尔为文。年长好学，宗人徐孝嗣称之为"人中骐骥"。梁武帝即位，拜中书侍郎，进领中书通事舍人。官至左仆射中书令。为武帝掌书记，梁朝朝章仪制，皆参与其议。曾与客夜坐，有一客人向他求官，他正色说："今夕只可谈风月，不宜及公事。"勉虽官居显职，但不营产业，家无蓄积。自称："人遗子孙以财，我遗之清白。子孙才也，则自致辎軿；如其不才，终为他有。"

诫子崧

吾家本清廉①，故常居贫素②，至于产业之事，所未尝言，非直不经营而已③。薄躬遭逢④，遂至今日，尊官厚禄，可谓备之。每念叨窃若斯⑤，岂由才致，仰藉先门风范⑥，及以福庆，故臻此耳⑦。古人所谓以清白遗子孙，不亦厚乎⑧！又云："遗子黄金满籝⑨，不如一经。"详求此言，信非徒语⑩。

吾虽不敏⑪，实有本志，庶得遵奉斯义⑫，不敢坠失⑬。所以显贵以来将三十载⑭，门人故旧，承荐便宜⑮，或使创辟田园，或劝兴立邸店⑯，又欲舳舻运致⑰，亦令货殖聚敛⑱。若此众事，皆距而不纳⑲。非谓拔葵去织⑳，且欲省息纷纭㉑。中年聊于东田开营小园者㉒，非存播艺以要利政㉓，欲穿池种树㉔，少寄情赏㉕。又以郊际闲旷㉖，终可为宅，倘获悬车致事㉗，实欲歌哭于斯。慧日十住等㉘，既应营昏㉙，又须住止。吾清明门宅，无相容处。所以尔者，亦复有以。前割西边施宣武寺，既失西厢㉚，不复方幅㉛。意亦谓此逆旅舍尔㉜，何事须华㉝？常恨时人谓是我宅。

古往今来，豪富继踵㉞，高门甲第㉟，连闼洞房㊱，寂其死矣，定是谁室？但不能不为培塿之山㊲，聚石移果，杂以花卉，以娱休沐㊳，用托性灵㊴。随便架立，不存广大，唯功德处㊵，小以为好，所以内中逼促㊶，无复房宇。近修东边儿孙二宅，乃藉十住南还之资，其中所须犹为不少。既牵挽不至，又不可中途而辍㊷，郊间之园遂不办。保货与韦黯㊸，乃获百金，成就两宅，已消其半。寻园价所得，何以至此？由吾经始历年，粗已成立，桃李茂密，桐竹成阴，塍陌交通[44]，渠畎相属[45]。华楼迥榭[46]，颇有临眺之美；孤峰丛薄[47]，不无纠纷之兴[48]。渎中并饶荷役[49]，湖里殊富芰莲[50]。虽云人外，城阙密迩[51]，韦生欲之，亦雅有情趣[52]。追述此事，非有吝心，盖是事意所至尔。

忆谢灵运《山家诗》[53]："中为天地物，今成鄙夫有[54]。"吾此园有之二十载，今为天地物，物之与我相校几何哉[55]？此直所馀，今以分汝营小田舍，亲累既多，理亦须此。且释氏之教[56]，以财物谓之外命，外典亦称"何以聚人曰财"[57]。况汝常情，安得忘此？闻汝所买湖熟田地甚为潟卤[58]，弥复可安[59]，所以如此，非物竞故也[60]。虽事异寝丘[61]，聊可仿佛[62]。孔子曰："居家理事，可移于官[63]。"既已营之，可使成立，进退两亡，更贻耻笑[64]。若有所收获，汝可自分赡内外大小[65]，宜令得所，非吾所知，又复应沾之诸女尔[66]。汝既居长，故有此及。凡为人长，殊复不易，当使中外谐缉[67]，人无间言[68]，先物后己，然后可贵。老生云："后其身而身先。"若能尔者，更招巨利。汝当自勖[69]，见贤思齐，不宜忽略，以弃日也。弃日乃是弃身。身名美恶，岂不大哉！可不慎欤！今之所敕[70]，略言此意。政谓为家以来[71]，不事资产，暨立墅舍[72]，似乖旧业[73]，陈其始末，无愧怀抱。

兼吾年时朽暮，心力稍单[74]，牵课奉公[75]，略不克举[76]，其中馀暇，裁可自休[77]。或复冬日之阳，夏日之阴，良辰美景，文案间隙，负杖蹑履[78]，逍遥陋馆，临池观鱼，披林听鸟，浊酒一杯，弹琴一曲，求数刻之暂乐，庶居常以待终[79]，不宜复劳家间细务。汝交关既定[80]，此书又行，凡所资须，付给如别。自兹以后，吾不复言及田事，汝亦勿复与吾言之。假使尧水汤旱，岂如之何？若其满庾盈箱[81]，尔之幸遇。如斯之事过，并无俟令吾知也[82]。

《记》云[83]："夫孝者，善继人之志，善述人之事[84]。"今且望汝全吾此志，则无所恨矣[85]。

——节录自《南史·徐勉传》

注释

①清廉：清白廉洁。②贫：不足；缺乏。素：质朴。③直：仅；但。④薄：语助词。含勉力之义。躬：自身；亲自。遭逢：遇到。⑤叨窃：不当得而得。⑥仰藉：凭借；依靠。风范：风度；规矩。⑦臻：至。⑧厚：深；重。⑨籝：竹笼。⑩信：确实。徒语：空话。⑪敏：聪敏。⑫庶：幸，希冀之词。⑬坠失：丧失。⑭显：高贵；显赫。⑮便宜：利益；好处。⑯邸店：亦称"邸舍"或"邸阁"。中国旧时城市中供客商堆货、寓居、进行交易的行栈。东晋、南朝时已有，隋唐更多。⑰舳舻：舳，船后舵；舻，船头。泛称船只。⑱货殖：经商。聚敛：剥削；搜刮。⑲距：通"拒"。⑳拔葵去织：《汉书·董仲舒传》："故公仪子（休）相鲁，之其家见织帛，怒而出其妻，食于舍而茹葵，愠而拔其葵，曰：'吾已食禄，又夺园夫红女利虖。'"后以拔葵去织或拔葵为居官者不与民争利的典故。㉑纷纭：扰乱。㉒聊：姑且。㉓艺：种植。要：通"徼"，求取。㉔穿：凿通。㉕少：稍；略微。情赏：犹言心赏，谓心意所爱好。㉖闲：大貌。旷：空阔。㉗悬车：谓辞官居家。致事：同"致仕"。旧谓交还官职，即辞官。㉘慧日：佛教语，谓佛之智慧如太阳普照人间。十住：佛教语，也叫十地。指参悟佛理而修行进入渐近于佛的十种境界（欢喜地、离垢地等）。㉙营昏：不详。㉚既：已经。厢：正房两边的房子。㉛方幅：方正。长宽相等。㉜递旅：客舍。迎止宾客之处，犹后来的旅馆。递，迎。㉝须：通"需"，需要。㉞继踵：足踵相继，形容人多，接连不断。踵，脚后跟。㉟高门：指显贵之家。魏晋南北朝时重门第，有高门、寒门等称。甲第：本指封侯者的住宅，这里意谓贵显的宅第。㊱闳：门楼上的小屋。洞房：深邃的内室。㊲培蝼：小土丘。㊳休沐：休息沐浴。指古代官吏的例假。㊴性灵：性情。㊵功德：佛教用语。指诵经念佛或布施等。㊶逼促：狭窄。㊷辍：中止；停止。㊸韦黯：疑为人名。㊹塍：田间的界路。陌：田间的小路。交通：交接。㊺畎：田间小沟。属：接连。㊻迥：远。榭：建在高土台上的敞屋。㊼丛：丛生的树木。薄：草木茂密。㊽纠纷：杂乱。㊾浃：

小沟渠。饶：丰富。葰即芡，亦称"鸡头"，一种多年生水本草木。⑤芰：即菱，俗称"菱角"。⑤城阙：城门两边的楼观。密迩：贴近。⑤雅：很；甚。⑤谢灵运：南宋诗人。⑤鄙夫：自称的谦辞。⑤校：差。⑤释氏：佛姓释迦氏，略称释氏。⑤外典：佛教徒称佛书以外的典籍为外典。⑤潟卤：土地含有过多的盐碱成分，不适宜耕种。⑤弥：更加。⑥物竞：互相竞争。⑥寝丘：春秋楚邑名，在今河南固始、沈丘两县之间。楚庄王封孙叔敖子于此。⑥聊：略。仿佛：好像；相似。⑥移：使人美慕。⑥贻：留下。⑥赡：供给。⑥沾：分润；分得。⑥谐缉：和谐；和睦。⑥间言：闲话。⑥勖：勉励。⑦敕：告诫。⑦政：通"正"。⑦暨：到。墅：田野的草房。⑦乖：违背。⑦稍：逐渐。单：通"殚"尽；竭尽。⑦奉公：奉行公事。⑦略：稍微。克：能够。举：胜任。⑦裁：通"才"。⑦蹑：踩；踏。履：鞋。⑦居常：平时；时常。⑧交关：交通；来往。⑧庾：古容量单位，一庾等于十六斗。⑧俟：等待。⑧《记》：儒家经典之一《礼记》。⑧述：顺行；如旧。⑧恨：遗憾。

译文

我家世代保持着清廉的家风，因此常常注意节俭，过着质朴的生活。至于个人的财产、家产一类的事，从来没有提到过，更谈不上去经营。这是我亲身经历的，一直到今天也是如此。尊贵的官爵，丰厚的俸禄，可说是全都有了。每次想到能获得如此高的职位，并非是由于我才能出众，这完全是靠我家清廉的门风以及祖宗的福德，才使我获得的。古人说把清廉留给子孙，这种遗产不也很厚重吗？古人又说："留给子女一竹笼黄金，不如传给他们一部经书。"详细推究这些话，确实不是空话。

我虽然不聪敏，但也有自己的志向，希望能够遵循、奉行古人这个道理，不敢丧失它。所以自从自己显贵以来将近三十年，我的一些门生和从前的熟人提出建议，有的让我开辟、创建田园，有的劝我开办行栈，又有的想要我用船只运送货物，也有的想让我经商来聚敛财物，像这样一些事，我都拒绝而不采纳。我这样做，不是古人所谓的拔葵去织，不与民争利，只是想减少、平息一些扰乱。我中年时姑且在东田开辟、营建小园，并不是存心播种和以种植来求取利益，只是想挖池种树，稍微寄托自己的心意爱好。又因为郊外空旷，今后可以建造住宅，倘若被获准辞官居家，确实想在这里过自由自在的生活。慧日、十住等僧人，主持婚丧礼俗后，也需要住在这里。我家门风清廉，住房不多。之所以在城郊买个小园，就是做上述考虑的。这块小园的前面已经施舍宣武寺，小园失去西边这块地，已经不完整了。我的意思也认为这只是客舍罢了，为什么需要华丽呢？所以我讨厌社会上说这里是我的私宅。

古往今来，豪富接连不断，那些显贵的宅第，门楼上的小屋，深邃的内室，都静悄悄地消失了，不一定就是谁家的住室呢？只是不能不堆砌成培蝼似的小山，聚集石头，移来果木，再种植一些花卉，以使我快乐地度过休假，同时寄托自己的性情。随便架立，不追求广大，只是诵经念佛和布施的地方，以小为好，所以内中狭窄，没有重复的房宇。近来修建东边儿孙两所住宅，才借用十住和尚准备南还的路费，其中所需的仍缺少不少。既筹措不到资金，又不能中途停止，于是我这个用来休息娱乐的东田小园便保不住了，只好卖给韦黯，得到一百两银子，建成儿孙两所住宅，就已经花去一半。寻思一个郊外的小园，为何能卖得一百两银子？由我开始营建，经历一些年头，已经初具规模，桃李茂密，桐竹成荫，田间界路、小路纵横交错，渠道、小沟紧密相连。华丽的楼房，高远的敞屋，颇有登高远眺之美；孤独的山峰，茂密的草木，不无杂乱的兴致。沟渠中长满了荷芰，湖面上铺满着菱莲。虽然说这里处在人群以外，但城阙贴近，韦黯愿出资买下，说明他这人也很有情趣。追述此园的修建、园内的景致和卖园的原因，不是有吝惜之心，只是信笔所致罢了。

回忆谢灵运《山家》诗说："中为天地物，今成鄙夫有。"我这园已经有了二十年，今日重回天地之间，物我之间相差有多远呢？建造这座园所余下的，今天拿来分给你去经营小田舍，亲戚既多，按道理应当如此。况且按照佛教教义，分人以财物叫作外命，外典亦称"为什么替人聚集财物"。何况根据你的常情，怎么能够忘掉这个？听说你所买湖熟田地含有过多的盐碱成分，不适宜耕种，心情更加不安，之所以如此，不是互相竞争的缘故。虽然你的事和孙叔敖告诫他的儿子在他死后求封条件较差的寝丘一事不同，但大略可以近似。孔子说："居家理事，可以使做官的都羡慕。"你既然已经经营它，就应当使它有成就，进退两失，更让别人耻笑。如果有所收获，你可以自己分配供给家中内外大小，应让他们各得其所，这不是我所知道的，同时又应当让你的姐妹们沾点好处。你是家中长兄，因此我才这样交代你。凡是作为长兄的，非常不容易，应当使家中内外和睦，别人不说闲话，先人后己，这样才难能可贵。老人说："有好处先人后己，做事情以身作则。"如果能够这样，更会招来大的利益。你应当勉励自己，见到贤人，就向他看齐，不应当忽略了这一点，白白地抛弃了时日。抛弃时日就是抛弃自身。一个人的声名美恶，难道不大吗？可以不慎重对待吗？我今天所告诫你的，大略就是这个意思。正所谓治家以来，不从事财产，等到建造起墅舍，好像和原来的事业相违背，但陈述这件事的始末，还是感到内心无愧。

加上我年纪衰老，心力逐渐耗尽，受官府考试所牵累，以及奉行公事，都感到有些不能胜任。这其中稍有空闲，才可以自己休息。在冬季的晴朗日子或者夏天的阴凉日子里，趁着这样的良辰美景，利用处理好公文案卷的空闲时间，拄着拐杖，踏着鞋子，在简陋狭小的馆舍里逍遥自得。站在池塘旁边，观看鱼儿自由自在地游泳；走入茂密的树林，听着鸟儿无忧无虑地歌唱。饮一杯浊酒，弹一曲琴，求得数刻的短暂欢乐，希望时常过着这样的日子来度过晚年，不适宜再操劳家中琐细的事务。你动身的日子已经定下，这封信又已发出，凡所需要的行资，如同分别一样交付与你。从这以后，我不再谈到田事，你也不要再和我提起。假使让唐尧遇上水灾，让商汤遇上旱灾，又会怎么样呢？如果你今年的收获能够满庾盈箱，这是你的幸运。像这样的事情以后一并不要让我知道。

《礼记》上说："孝者，善于继承先人的志向，善于顺行先人的事业。"我今天也希望你保全我这个志向，那么我就没有什么遗憾了。

萧瑀家训

【撰主简介】

萧瑀，生卒年不详。字时文。幼年爱好经术，长大善为文章。性情耿直、诚实，鄙视浮华之风。在隋朝时任河池郡守（郡与州同级，郡守即一郡的长官）。隋末，唐高祖李渊入京师长安，发书信招之，瑀持郡前来归附，授光禄大夫（散官，无专职），封宋国公，任户部尚书（户部长官），迁左仆射（宰相）。晚年被授予同中书门下三品（亦是宰相），迁太子太保（辅导太子的官），死后谥号为"贞褊"。

临终时曾留下《遗书》以诫后人，言简意赅，今特加以钩沉索隐，发掘剖析，以飨读者。

临终遗书

原文

生而必死，理之常分。气绝后可著单服一通，以充小敛①。棺内施单席而已②，冀其速朽，不得别加一物。无假卜日③，惟在速办。自古贤哲，非无等例④，尔宜勉之。

——节录自《旧唐书·萧瑀传》

注释

①小敛：给死者穿衣为小敛（入棺为大敛）。②单席：薄薄的席。③卜日：选择吉日。④等例：指相同的事例。

译文

有生就必然有死，这是理之常情。我死后可穿单服一套，以作为小敛。棺内放一张薄薄的单席就足够了，这样就可以指望尸体迅速腐烂，所以就不要别加一物。也不需要选择什么吉祥的日子，只要求将丧事从速办理。自古贤哲之人，不是没有相同的事例的，你们应该以此勉励自己。

卢承庆家训

【撰主简介】

卢承庆，生卒年不详。字子余，唐幽州范阳（今北京大兴境内）人。博学有才，少时承袭父爵。唐太宗时，先后任奉州都督府户曹参军、考工员外郎、民部侍郎、检校兵部侍郎、雍州别驾、尚书左丞等职。高宗时，又历任益州大都督府长史、简州司马、洪州长史、汝州刺史、光禄卿、度支尚书、同中书门下三品等职。

临终前曾作《教戒》，叮嘱儿子办理丧事务必从简，为后世所称道。今特加以钩沉索隐，发掘剖析，以飨读者。

遗言诫子

原文

死生至理，亦犹朝之有暮。吾终，敛以常服①；晦朔常馔②，不用牲牢③；坟高可认，不须广大；事办即葬，不须卜择；墓中器物，瓷漆而已；有棺无椁④，务在简要；碑志但记官号⑤、年代，不须广事文饰。

——节录自《旧唐书·卢承庆传》

注释

①常服：日常穿的便服。②晦朔常馔：晦朔，指农历每月的末一日和初一日。常馔，指祭祀用的普通食物。③牲牢：古称供祭祀用的"牛、羊、豕为牲，系养者曰牢"。通常指祭祀用的牲畜。④棺：指棺材。椁：指套在棺外的外棺。古代棺木有两重：内曰棺，外曰椁。⑤碑志：即碑文。

译文

死与生的最根本道理，就好像有早晨必有晚上一样。我死后，只须敛以日常所穿的便服；农历每月的最末一日和最初一日的祭祀只需用普通的食物，而不需用牛、羊、猪等牲畜；坟堆高出地面可以辨认就行了，不需广大；简单的丧事办理完毕，就进行安葬，不需选择时日；墓中要放的器物，仅仅放一些瓷器、漆器就可以了；只需要有内棺而不需要套在棺外的椁，一切务必在于简要；碑文只要求记一些官号和年代，而不需广泛地进行文采修饰。

张嘉贞家训

【撰主简介】

张嘉贞，生卒年不详。唐猗氏（今山西境内）人。武后时任监察御史。唐玄宗开元年间，任中书侍郎、同中书门下平章事，迁中书令。

不为子孙立田园

原文

吾尝相国矣，未死，岂有饥寒忧？若以谴去①，虽富田产，犹不能有也②。近世士大夫务广田宅，为不肖子酒色费。我无是也③。

——节录自《新唐书·张嘉贞传》

注释

①谴：谪迁；谪降。②犹：仍然；还是。③是：作"此"解。

译文

我已经做到宰相了，倘若不死，难道还会有饥寒之忧吗？如果因谪降而去，虽拥有大量田产房屋，仍然不能保住。近世士大夫一定要广置田地房屋，其结果只不过是被不肖子孙作为酒色之费消耗殆尽。我不会有这种情况出现的。

姚崇家训

【撰主简介】

姚崇（公元 651—721 年），本名元崇，武后令他改为元之，玄宗又令他改为崇。唐陕州硖石（今河南陕县境内）人。少时倜傥尚气节，好学不倦。武后时，历任兵部郎中、兵部侍郎、中书侍郎、礼部尚书等职。在张柬之诛武后党羽张昌宗、张易之和迎立中宗的过程中，曾参与谋议。睿宗时，历任兵部尚书、同中书门下三品、中书令，居宰相之首。后因奏请太平公主出居洛阳，被贬职。玄宗开元初，复任宰相，协助玄宗削弱诸王权柄，规定戚属不担任中央要职。任人唯贤，整顿吏治，用法不避权贵，后世誉为唐代"救时之相"，史书称其主政时期为"开元之治"。开元四年辞去相位，荐宋璟自代。开元九年去世，谥"文献"。三个儿子分别名彝、异、弈，皆官至卿、刺史。临终前，先析其资产田园，令诸子侄各守其份。

遗令以诫子孙

原文

古人云：富贵者，人之怨也。贵则神忌其满，人恶其上；富则鬼瞰其室①，虏利其财。自开辟已来，书籍所载，德薄任重而能寿考无咎者②，未之有也。故范蠡③、疏广④之辈，知止足之分，前史多之。况吾才不逮古人，而久窃荣宠，位逾高而益惧，恩弥厚而增忧。往在中书，遘疾虚惫，虽终匪懈，而诸务多缺。荐贤自代，屡有诚祈，人欲天从，竟蒙哀允。优游园沼⑤，放浪形骸，人生一代，斯亦足矣。田巴云⑥："百年之期，未有能至。"王逸少云⑦："俛仰之间⑧，已为陈迹。"诚哉此言！

比见诸达官身亡以后，子孙既失覆荫，多至贫寒，斗尺之间，参商是竞，岂惟自玷，仍更辱先，无论曲直，俱受嗤毁。庄田水碾，既众有之，递相推倚，或致荒废。陆贾⑨、石苞⑩，皆古之贤达也，所以预为定分，将以绝其后争，吾静思之，深所叹服。

昔孔丘亚圣，母墓毁而不修；梁鸿至贤⑪，父亡席卷而葬。昔杨震⑫、赵咨⑬、卢植⑭、张奂⑮，皆当代英达，通识千古，咸有遗言，属以薄葬。或濯衣时服，或单帛幅巾，知真魂去身，贵于速朽，子孙皆遵成命，迄今以为美谈。凡厚葬之家，例非明哲，或溺于流俗，不察幽明，咸以奢厚为忠孝，以俭薄为悭惜，至今亡者致戮尸暴骸之酷，存者陷不忠不孝之诮。可为痛哉！可为痛哉！死者无知，自同粪土，何烦厚葬，使伤素业⑯。若也有知，神不在柩⑰，复何用违君父之令，破衣食之资。吾身亡后，可敛以常服，四时之衣，各一副而已⑱。吾性甚不爱冠衣，必不得将入棺墓，紫衣玉带，足便于身，念尔等勿复违之。且神道恶奢，冥涂尚质，若违吾处分，使吾受戮于地下，于汝心安乎？念而思之。

且五帝之时，父不葬子，兄不哭弟，言其致仁寿、无夭横也。三王之代，国祚延长，人用休息。其人臣则彭祖⑲、老聃之类⑳，皆享遐龄。当此之时，未有佛教，岂抄经铸像之力，设斋施物之功耶？

且死者是常，古来不免，所造经像，何所施为？夫释迦之本法，为苍生之大弊，汝等各宜警策，正法在心，勿劳儿女子曹，终身不悟也。吾亡后必不得为此弊法……不得辄用馀财，为无益之枉事；亦不得妄出私物，徇追福之虚谈㉑。

汝等身没之后，亦教子孙依吾此法。

——节录自《旧唐书·姚崇传》

注释

①瞰：窥看。②咎：灾祸。③范蠡：字少伯，春秋楚人。仕越为大夫，辅佐越王勾践发愤图强，最终灭掉了仇敌吴国。因认为勾践为人可与共患难，不可与同安乐，去越入齐，改名鸱夷子皮。到陶这个地方称朱公，经商致富。十九年中，治产三致千余，一再分散与贫交和远房兄弟，不为子孙治产业。④疏广：西汉时人。宣帝时为太傅。不为子孙治产业。曾经认为，子孙贤而多财，则损其志；愚而多财，则益其过。一时传为名言。⑤园沼：园池。⑥田巴：战国学者。⑦王逸少：即王羲之。⑧俛仰：即俯仰。⑨陆贾：西汉初年人。有辩才。曾两度出使南越，招谕尉佗，劝丞相陈平深结太尉周勃，合谋诛诸吕、立文帝。⑩石苞：晋朝人。晋武帝时累官大司马，封乐陵郡公，加侍中。⑪梁鸿：东汉平陵人。家贫，尚节介。娶同县孟氏女，貌丑而贤，名光，共入霸陵山中，以耕织为业，咏诗弹琴以自娱。妻为具食，举案齐眉。⑫杨震：东汉人。通晓诸经。任荆州刺史时，有人夜赠金十斤，说"夜无知者"。杨震拒而不收，并且回答说："天知，神知，我知，子知，何谓无知？"后官至太尉。死前令子薄葬。⑬赵咨：东汉人。汉灵帝时任敦煌太守，为官清简。临终，令子薄葬。时称明达。⑭卢植：东汉人。能通古今之学。曾师事马融。为官清简。后因反对董卓免官，避卓祸隐于上谷。临终，令子薄葬。⑮张奂：东汉人。举贤良对策第一。累迁至大司农。临终，令子薄葬。⑯素业：清素之业。⑰枢：已装尸体的棺材。⑱一副：此处作"一套"解。⑲彭祖：传说中颛顼帝玄孙陆终氏第三子，姓钱名铿，尧封之于彭城，因其道可祖，故谓之彭祖。年八百岁。⑳老聃：俗称老子。春秋战国时楚国苦县人。传说为道教始祖，著《老子》（又名《道德经》）五千余言。㉑徇：此处可作"顺从"解。

译文

古人说过：富与贵，众人所怨。地位高贵，则神灵忌其太满，众人恨他高高在上；家中豪富，则鬼怪窥看他的居室，盗贼贪图他的钱财。自有人类以来，根据书上的记载，凡是德行浅薄、任务繁重而能高寿无灾祸的人，是从来没有过的。所以范蠡、疏广这些人知道满足，及早辞官而得免过失，前史多有称赞。何况我才不及古人，而久受荣誉恩宠，地位越高越发感觉害怕，恩泽越厚越发增加忧虑。以前我在中书省，因患病身体虚弱而感到困倦，虽然始终努力不懈，而各项政策事务仍多有缺失。我曾经多次推荐贤能的人来替代我，屡有请求，天从人愿，这次终于允许我辞去宰相职务。从此我可以优游田园湖池，身体不受约束，人生一世，也可以满足了。田巴说过："百岁之寿，没有几个能达到的。"王羲之也说过："转眼之间，现实社会里许多东西就成了历史陈迹。"这话说得很对！

近来见到一些达官贵人死后，子孙失去了依靠和庇荫，多至贫寒，还为斗米尺布相争不已，不只是玷污了自己，而且更使先人受到耻辱，不论曲直，都受人嘲笑。庄田水碾这些家财，大家共有之后，却互相推诿，经常导致荒废。贤达如陆贾、石苞，所以预为定分，为防子孙争产，我仔细考虑，深为叹服。

古代的孔子和孟子，母亲的坟墓毁坏了不再维修；梁鸿是位贤达的人，父亲死了用席子卷着安葬。东汉时代的杨震、赵咨、卢植、张奂，都是当时的英才贤达，通今识古，他们都有遗言，嘱咐后代薄葬。他们或穿洗过的平时衣服，或着一层丝织品的头巾；他们知道真魂去身，贵在速朽，子孙都照着办了，至今仍传为美谈。那些厚葬之家，都不明智，或者沉湎于流俗而不察是非，都以奢侈厚葬为忠孝，以节俭薄葬为吝惜，致使坟墓被盗、尸骨曝露，使死者受到摧残，生者陷于不忠不孝。实在感到悲痛啊！死去的人没有感知，自同粪土一般，何必一定要厚葬使伤清素之业。如果真的死者有知，而神不在柩，那又用不着违君父之命，破衣食之资。因此，我死后，可以穿着常服，四时之衣各准备一套就行。我不喜爱的帽子和衣服，一定不得放进我的棺材坟墓里；象征我生前做官的紫衣玉带，也一定要适于身体，希望你们不要违背它。况且神明之道也厌恶奢侈，而阴间亦尚质朴，你们如果违背我的处置办法，使我受戮于地下，这样你们的心安吗？你们仔细想想吧！

况且五帝在位的时候，人们父不葬子，兄不哭弟，人人得善终长寿，没有夭折横死的。三王在位的时候，享国长久，人们得以休息。其人臣如彭祖、老聃之类，都得长寿。当时并无佛教，难道也是抄佛经、铸佛像的效力，设斋醮、布施财物的功劳吗？

死是很平常的事，自古以来都不可避免，所造佛经、佛像又会有什么办法呢？释迦牟尼创造佛教本法，成为天下百姓大的弊病，你们各人务必要警惕自己，不要终身不觉悟。我死后，一定不得去效法此等弊法……一定不得用钱去做那些无益的佛事，一定不得出私物去追求那些所谓福泽的空谈。

你们将来死了以后，也务必要教育你们的子孙依照我这个办法去做。

元稹家训

【撰主简介】

元稹（公元779—831年），字微之，唐河南（今河南洛阳）人。少时家贫力学。唐宪宗元和元年，对策举制科第一，先后任左拾遗、监察御史，不畏权贵，敢于斗争，因而得罪于宦官和守旧官僚，被贬为江陵士曹参军。因受了几次沉重打击后，就由早期的反对权贵宦官，到了晚期转而依附于宦官。唐穆宗长庆年间，借宦官崔潭峻之力，官至知制诰，继而晋升为同中书门下平章事。后被裴度奏劾而罢相。唐文宗大和年间，复官至武昌军节度使，最后死于

节度使任所。

元稹是著名诗人。他是白居易的好友，其诗与白居易的齐名，世称"元白"。著有《元氏长庆集》一百卷，今存六十卷。所作传奇《会真记》，记张生与崔莺莺事，为后来《西厢记》所本。

元稹十分重视对子侄晚辈的教育，常常用自己走过来的经验教训启迪后人，鼓励后人奋发努力。

教诲侄儿书

原文

吾家世俭贫，先人遗训，常恐置产怠子孙，故家无樵苏之地①，尔所详也。吾窃见吾兄自二十年来，以下士之禄，持窘绝之家，其间半是乞丐羁游，以相给足……有父如此，尚不足为汝师乎？

吾尚有血诚将告于汝②：吾幼乏岐嶷③，十岁知文……是岁尚在凤翔，每借书于齐仑曹家，徒步执卷就陆姊夫师授，栖栖勤勤④，其始也如此。至年十五，得明经及第⑤，因捧先人旧书于西窗下，钻仰沉吟⑥，仅于不窥园井矣。

今汝等父母天地，兄弟成行，不于此时佩服诗书，以求荣达，其为人耶？其曰人耶？吾又以吾兄所识易涉悔尤⑦，汝等出入游从，亦宜切慎。

——节录自《元氏长庆集》

注释

①樵苏：樵，指取薪；苏，指取草。樵苏，即打柴割草。②血诚：出自内心深处的诚意。③岐嶷：峻茂之貌。后借以形容幼年聪慧。④栖栖勤勤：栖，忙碌奔波。勤，勤奋。⑤明经：唐代科举考试，以经义取者为明经，以诗赋取者为进士。⑥钻仰沉吟：钻仰，指深入研究。沉吟，指深思。⑦悔尤：悔恨和过失。

译文

　　我们元氏家族世世代代节俭贫困，先人遗训，常恐多置田产会使子孙懒惰松懈，所以我们家连可供打柴割草的山地也没有，这是你们所熟知的。我曾见到我兄长这二十年来，以低薄之俸禄赡养和维持我们这个家，其间有一半是靠兄长求人资助和在外劳碌奔波，才能勉强维持这个家的开支用度……有父如此，难道还不能作为你们的老师吗？

　　我还有出自内心深处的话要告诉你们：我小的时候并无高超的见识、聪明的头脑，十岁时才懂得作文……初读书之时我尚在凤翔，常到齐伦曹家借书，徒步远行到陆姓姐夫家求师讲解，劳碌奔波，勤奋于学，刚开始就是这样窘迫的。至十五岁时，得明经及第，因捧先人之书于西窗下就读，深入研究和深思，其用功之勤几乎足不出户。

　　你们现在父母尚在，兄弟成行，不于此时发愤攻读诗书，以求荣誉发达，怎可成人？怎可叫作人？我又认为我哥哥的认识见解容易产生悔恨和过失，所以你们平日交友结伴也应当谨慎从事才对。

范仲淹家训

【撰主简介】

　　范仲淹（公元989—1052年），字希文，宋苏州吴县（今江苏苏州）人。少时贫困力学。宋真宗大中祥符年间进士。宋仁宗天圣初年，任泰州兴化令，主持修筑捍海堰，世称"范公堤"。天圣六年（公元1028年），任秘阁校理（官名，主持秘阁之事），后出判河中府（一府的长官），移陈州，擢右司谏（谏官之一，凡朝政缺失、大臣至百官任用不当，一切官署有违失，皆可谏诤）。因忤宰相吕夷简，出知睦州、苏州。

在苏州时曾疏浚太湖入海水道，解除江南涝灾。旋召还判国子监（官名，主持国子监工作），迁权知开封府。景祐三年（公元 1036 年），又因得罪权臣，出知饶、润、越三州。康定初年，与韩琦同任陕西经略安抚副使，兼知延州，负责防御西夏重任，与韩琦齐名，时称"范韩"。庆历三年（公元 1043 年），入为枢密副使，旋拜参知政事，与富弼、欧阳修等人推行"庆历新政"，为夏竦等中伤，出知邠州兼陕西四路安抚使等。为官清正，生活俭朴。曾用自己的薪俸买田千亩，赡养族中的穷人。工诗词散文，晚年所作的《岳阳楼记》，有"先天下之忧而忧，后天下之乐而乐"之语，为千古所传诵。卒谥"文正"。著作有《范文正公集》传世。

范仲淹有四个儿子：纯祐、纯仁、纯礼、纯粹，都有名于时。他对诸子及弟侄要求严格，家训论述也比较全面深刻。

诫诸子及弟侄

原文

吾贫时，与汝母养吾亲，汝母躬执炊而吾亲甘旨①，未尝充也。今得厚禄，欲以养亲，亲不在矣。汝母已早逝，吾所最恨者，忍令若曹享富贵之乐也。

吴中宗族甚众，于吾固有亲疏，然以吾祖宗视之，则均是子孙，固无亲疏也。苟祖宗之意无亲疏，则饥寒者吾安得不恤也。自祖宗来积德百余年，而始发于吾，得至大官，若享富贵而不恤宗族②，异日何以见祖宗于地下？今何颜以入家庙乎？

京师交游，慎于高议，不同当言责之地。且温习文字，清心洁行，以自树立平生之称。当见大节，不必窃论曲直，取小名招大悔矣。

京师少往还，凡见利处，便须思患。老夫屡经风波，惟能忍穷，故得免祸。

大参到任，必受知也。惟勤学奉公，勿忧前路③。慎勿作书求人荐拔，但自充实为妙。

将就大对，诚吾道之风采，宜谦下兢畏，以副士望。

青春何苦多病，岂不以摄生为意耶④？门才起立，宗族未受赐，有文学称，亦未为国家用。岂肯循常人之情，轻其身汩其志哉⑤！

贤弟请宽心将息，虽清贫，但身安为重。家间苦淡，士之常也，省去冗口可矣。请多著工夫看道书，见寿而康者，问其所以，则有所得矣。

汝守官处小心不得欺事，与同官和睦多礼，有事只与同官议，莫与公人商量，莫纵乡亲来部下兴贩，自家且一向清心做官，莫营私利。

——节录自《诫子通录》

注释

①甘旨：味之美者。②恤：周济。③前路：即前途。④摄生：指养生。⑤汩：灭也。

译文

我过去贫贱的时候，与你们的母亲共同奉养你们的老祖母，你们母亲亲自烧火而我亲自做点什么好吃的，未曾充足。今得厚禄，再想要好好地奉养祖母，祖母早已不在世了。你们的母亲也早已经去世，这是我最感遗憾的，我怎忍心让你们享富贵之乐。

苏州这个地方范氏宗族甚多，于我固然有亲有疏，然而从我们共同祖先的角度看，则都是范氏子孙，当然就没有亲疏可分了。如果祖宗之意无亲疏，则饥寒者我怎能不周济呢？自祖宗以来积德百年，到我这里才开始发迹，使我得做高官。但如果我独享富贵而不周济宗族，将来有何面目见祖宗于地下？今天又有何面目进入家庙？

在京都交朋友，不要随便发表带政治色彩的高论，你们现在所处的地位不同于当言官、居言责之地。你们只须温习文字，清心洁行，以树立自己平日的形象。一个人当见大节，不必计较小的是非曲直，不可因得小名而招致大的悔恨。

在京师生活要少和别人往来，凡见到有利的地方，便要想到后患。我这一生虽然屡经风波，唯能忍穷，因此能够免祸。

大参到任之后，一定会受人之知。但只须勤学奉公，不必担心自己的前途。切记不要写信求人荐拔，还是以自己充实为妙。

将就大对，确实是吾道之风采，要谦虚谨慎，对得起读书人的声誉。

年纪轻轻的为什么会这样多病，难道是平时没有留意养生吗？家庭里出现人才，而宗族未得到好处；个人有文学修养，并未为国家效力。难道你们愿意遵循平常人的情理，不注重身体而使自己泯灭其抱负志向吗？

至于弟弟，请放心休息。家虽清贫，但身体健康要紧。家庭间的苦与淡，乃士之常事，省去多余闲散之口是可以的。多向书本和健康长寿的人请教，一定会有收获的。

你在外做官要小心谨慎不得做欺心之事，与同事要和睦多礼，有事只与同事议论，不要与衙役商量。不要放纵乡亲来到自己所属部门兴贩取利，自己一辈子要出于公心做官，不要去谋取私利。

欧阳修家训

【撰主简介】

欧阳修（公元1007—1072年），字永叔，号醉翁，晚年又号六一居士。北宋吉州庐陵（今江西吉安）人。幼年贫而好学，曾以荻画地练字。既长，得唐朝韩愈遗稿，立志为古文。宋仁宗天圣八年（公元1030年）进士及第。景祐年间任馆阁校勘（史馆属官）。因得罪权臣，曾一度被贬为夷陵令。庆历三年（公元1043年），知谏院（谏院长官，掌规谏讽谕），擢知制诰，协助范仲淹主持"庆历新政"。新政失败，亦被贬出知滁、扬、颖等州十一年。召回后，迁翰林学士。嘉祐二年（公元 1057 年），知贡举（官名，负责主持礼部试，决定合格举人名次）。

嘉祐六年，任参知政事。神宗即位，因议新法，与王安石意见不合，坚请致仕。卒谥"文忠"。

欧阳修一生博览群书，以文章著名。反对宋初西昆体的浮艳文风，主张文学须切合实用。生平喜奖掖后进，曾巩、王安石、苏洵父子等都受到他的提携和称誉。撰有《毛诗本义》《新五代史》《集古录》等，并与宋祁合修《新唐书》。后人辑有《欧阳文公集》一百五十三卷，附录五卷，其中《居士集》为欧阳修晚年自编。

人不学习无以成材

原文

"玉不琢①，不成器；人不学，不知道。"然玉之为物，有不变之常德②，虽不琢以为器，而犹不害为玉也；人之性，因物则迁，不学，则舍君子而为小人，可不念哉！付弈。

——节录自《欧阳文忠公集》

注释

①琢：雕琢。加工玉石的一种方法。②常德：常性。

译文

"玉石不经过雕琢，就不能成为器具；人不经过学习，就不明白事物的道理。"然而作为物体的玉，有着不可改变的常性，虽不雕琢成器，可仍然是玉；人的品性则不同，常会随着环境的改变而改变，如果不学习，就不能成为君子而会变成品行不好的小人，危害极大，能不引起注意吗？交给弈。

为官宜清廉

原文

欧阳氏自江南归朝，累世蒙朝廷官禄；吾今义被荣显，致汝等并列官裳①，当思报效。偶此多事，如有差使，尽心向前，不得避事②。至于临难死节，亦是汝荣事，但存心尽公，神明亦自佑汝，慎不可避思事也。昨书中言欲买朱砂来，吾不缺此物。汝于官下宜守廉，何得买官下物？吾在官所，除饮食物外，不曾买一物，汝可安此为戒也。已寒，好将息，不具。

——节录自《欧阳文忠公集》

注释

①官裳：官职。②避事：躲避。

译文

我们欧阳家族从江南归来，累世蒙朝廷赐以官禄爵位，我现在又被授以荣耀显赫的高官，相应的也使你们得到一官半职，所以你们要时常想到报效国家才对。值此多事之秋，如有差使，要尽心向前，不可躲避。至于临难死节，也是你们的光荣。只要存心尽公，神明自然会保佑你们，千万不可考虑躲避。你昨日的信中说想买朱砂来，我不缺这个东西。你做官应清廉自守，怎么能随便买公家的东西？我在官署，除日常饮食之物外，不曾买一件公家的东西，你们可以此为戒。现在天气已寒冷，希望注意保重。

司马光家训

【撰主简介】

司马光（公元1019—1086年），字君实，北宋陕州夏县（今属山西）人。少聪颖好学。仁宗宝元年间进士及第，授武成军签书判官，继而任馆阁校勘、同知礼院（礼院即礼仪院，同知礼院为该院属官，主持依典礼裁定行礼所用仪仗、法物等制度）、天章阁待制（天章阁为收藏真宗御制文集、御书之处，待制为天章阁长官）兼侍讲（亦为天章阁长官）、知谏院。英宗继位后，进龙图阁直学士（龙图阁为收藏太宗御书、御制文集之处，直学士为龙图阁长官）、判吏部流内铨（官名，掌文官自初仕至幕职州县官之铨选注拟和对换差遣、磨勘功过等事）。神宗继位后，擢翰林学士，任权御史中丞。因极力反对王安石变法，于熙宁四年（公元1071年）判西京（今洛阳）御史台，自此退居洛阳十五年。哲宗继位，太皇太后高氏临朝，司马光又以旧党领袖被任命为门下侍郎，继而又授以尚书左仆射兼门下侍郎（宰相职务），数月间几乎将新法尽数废除。卒赠太师、温国公，谥"文正"。著有《切韵指掌图》《潜虚》《稽古录》《涑水纪闻》《温国文正公文集》（《传家集》）传世。与刘恕、刘攽、范祖禹等所编修的《资治通鉴》二百九十四卷，是我国重要的编年史著作。

司马光下面这封写给儿子司马康的家书，叫儿子把清白家风传下去，历来为人们所传诵。司马康的确不负所望，自幼品行端正，不苟言笑，聪敏好学，博古通今，历任校书郎、著作佐郎兼侍讲，为人廉洁，口不言财，恪守祖、父家风。

俭是立身之本

吾本寒家，世以清白相承。吾性不喜华靡，自为乳儿，长者加以金银华美之服，辄羞赧弃去之①。二十忝科名②，闻喜宴独不戴花③，同年曰④："君赐不可违也。"乃簪一花。平生衣取蔽寒，食取充腹，亦不敢服垢蔽以矫俗干名⑤，但顺吾性而已。众人皆以奢靡为荣，吾心独以俭素为美，人皆嗤吾固陋，吾不以为病，应之曰："孔子称'与其不逊也宁固'。"又曰："以约失之者鲜矣。"又曰："士志于道而耻恶衣恶食者未足与议也。"古人以俭为美德，今人乃以俭相诟病。嘻！异哉！

近岁风俗尤为侈靡，走卒类士服，农夫蹑丝履。吾记天圣中先公为群牧判官，客至未尝不置酒，或三行五行，多不过七行。酒沽于市，果止于梨、枣、栗、柿之类，肴止于脯⑥、醢、菜羹，器用瓷漆。当时士大夫家皆然，人不相非也。会数而礼勤，物薄而情厚。近日士大夫家，酒非内法，果肴非远方珍异，食非多品，器皿非满案，不敢会宾友，常数日营聚，然后敢发书。苟或不然，人争非之，以为鄙吝。故不随俗靡者盖鲜矣。嗟呼！风俗颓敝如是，居位者虽不能禁，忍助之乎？

又闻昔李文靖公为相⑦，治居第于封邱门内，厅事前仅容旋马，或言其太隘。公笑曰："居第当传子孙，此为宰相厅事诚隘，为太祝奉礼厅事已宽矣。"参政鲁公为谏官⑧，真宗遣使急召之。得于酒家。既入，问其所来，以实对。上曰："卿为清望官，奈何饮于酒肆？"对曰："臣家贫，客至无器皿、肴、果，故就酒家觞之。"上以其无隐，益重之。张文节为相⑨，自奉养如为河阳掌书记时，所亲或规之曰："公今受俸不少，而自奉若此，公虽自信清约，外人颇有公孙布被之讥，公宜少从众。"公叹曰："吾今日之俸，虽举家锦衣玉食，何患不能？然人之常情，由俭入奢易，由奢入俭难。吾今日之俸，岂能常有？身岂能常存？一旦异于今日，家人习奢已久，不能顿俭，必致失所。岂若吾居位、去位，身在、身亡，常如一日乎？"呜呼！大贤之深谋远虑，岂庸人所及哉！

御孙曰⑩："俭，德之共也；侈，恶之大也。"共，同也，言有德者皆由俭来也。夫俭则寡欲。君子寡欲，则不役于物，可以直道而行；小人寡欲，则能谨身节用，远罪丰家。故曰："俭，德之共也。"侈则多欲。君子多欲，则贪慕富贵，枉道，速祸；小人多欲，则多求，妄用，丧身，败家。是以居官必贿，居乡必盗。故曰："侈，恶之大也。"昔正考父饘粥以糊口⑪，孟僖子知其后必有达人⑫。季文子相三君⑬，妾不衣帛，马不食粟，君子以为忠。管仲镂簋朱纮⑭，山节藻棁⑮，孔子鄙其小器⑯。公叔文子享卫灵公⑰，史鳅知其及祸⑱。及戌⑲，果以富得罪出亡。何曾日食万钱⑳，至孙以骄溢倾家。石崇以奢靡夸人㉑，卒以此死东市。近世寇莱公豪侈冠一时㉒，然以功业大，人莫之非，子孙习其家风，今多穷困。其余以俭立名，以侈自败者多矣，不可偏数，聊举数人以训汝。汝非徒身当服行，当以训汝子孙，使知前辈之风俗云。

——节录自《温国文正公文集》

注释

①羞赧：羞惭。②忝：指辱居高位、高名。③闻喜宴：开始于唐。宋太宗端拱元年明确规定进士放榜，由朝廷置宴，皇帝及大臣赐诗以示恩宠。④同年：科举制度同榜的人称同年。⑤干名：求名。⑥脯：干肉。⑦李文靖公：指宋真宗时宰相李沆。⑧鲁公：指北宋人鲁宗道。先为谕德，后任参知政事，所以称参政鲁公。⑨张文节：指北宋人张知白，后官至宰相。⑩御孙：春秋时鲁国的大夫。⑪正考父：宋国上卿。⑫孟僖子：春秋时鲁国大夫。⑬季文子：春秋时鲁国大夫。⑭镂簋朱纮：镂，雕刻，雕花。簋，祭祀宴享用的器皿，引申为食器。朱纮，红丝线。⑮山节藻棁：山节，雕成山形的斗拱。藻棁，画着水草的短柱。山节和藻棁，都是天子的庙饰。⑯孔子：春秋政治家、思想家，儒家学派创始人。⑰公叔文子：春秋时期卫国人，卫国君王。⑱史鳅（qiū）：春秋时期卫国史官。⑲戌：指公叔文子的儿子公叔戌。⑳何曾：西晋

臣。任太尉，性奢华，日食万钱，仍说"无下箸处"。㉑石崇：西晋臣。奢靡成风，与贵戚王恺、羊琇等斗富。㉒寇莱公：北宋时名相寇准，封莱国公，故史称"寇莱公"。

译文

我家本清寒，世世代代以清白相传。我从小就不喜奢侈华丽，记得还是乳儿的时候，年长的人把饰有金银的华美的衣服给我穿，我就羞愧地丢掉了。二十岁的时候侥幸考中了进士，在闻喜宴上唯独我一人不肯戴花。同年录取的进士对我说："这是皇上的旨意和恩赐，不可违背。"于是才插上一花。我平生穿衣只求御寒，食只求饱腹，但也不敢故意穿得破破烂烂以沽名钓誉，只求顺着我的习性而已。现在大家皆以奢侈为荣，我的心独以节俭朴素为美，因此人们皆笑我寒碜，我却不认为这有什么不妥。我对他们说："孔子讲过'与其倨傲，宁可寒碜'。"又说："因为谨慎俭约而造成损失是极少的。"还说："读书人有志于追求真理，却以穿得差、吃得差为羞耻，这种人是不值得和他谈论的。"古之人以节俭为美德，今之人却对节俭相讥嘲。唉！多奇怪啊！

近年来社会风气越发奢侈浪费，走卒穿上士人的衣服，农夫穿上丝绸做的鞋子。我记得仁宗天圣年间你们的祖父为群牧判官时，客人来了，只好设置酒宴，但只给客人倒三五次酒，最多也不过七次。酒是从市上买的，果品只有梨、枣、粟、柿之类，菜只有干肉、肉酱、菜汤，用的是瓷器、漆器。当时士大夫家都是这样，人们就不会互相非议。聚会次数多显得礼节殷勤，招待客人的东西少一点儿而情谊深厚。近日士大夫家却不然，如果酒不是按宫中酿造方法所造，果肴不是远方珍异，食品不多样化，器皿不是摆满几桌，就不敢宴请客人，常常要经过几天的准备，然后才敢发信邀请客人。如果不是这样，就会遭到别人的非议，会被别人指责为鄙吝。所以现在不随大流、不奢靡的人已经很少了。唉！风俗败坏到这个地步，当权的人虽然不能禁止，可是还忍心助长这种风气蔓延吗？

听说过去李文靖公在真宗时任宰相，在封丘门内造住宅，可是厅堂前小得仅仅能容一马转过身子，有人说这太狭窄了。他笑着说："住宅是要传给子孙的。这是宰相办事的厅堂，看起来是小了一点儿，但如用来作为太祝、奉礼郎一类小官办事的厅堂已算是够宽的了。"曾担任过参知政事的鲁公鲁宗道在原来任谏官的时候，一次真宗派人紧急召见他，最后在酒店里找到了他。真宗问他从哪来，他照实回答。真宗问："你为家世清白、人所共仰之官，为什么饮于酒家？"他回答说："臣家贫，客来了没有可用的器皿、上桌的菜肴、吃的水果，因此就到酒家招待他们。"真宗因他诚实不欺隐，就越发器重他。还有张文节为相时，生活如同在河阳做节度判官时一样的俭朴，有些亲友有时曾规劝他随俗一点儿："您如今得到的俸禄实在不算少了，而生活却这般俭朴，您虽自信清约，外人免不了要讥讽您如汉时丞相公孙弘，是在装穷。您应当稍微随大流一些。"他叹息着说："以我今天的俸禄收入，即使全家锦衣玉食，哪里用得着担忧不能？然而按照人之常情，由俭入奢容易，由奢入俭就很难了。像我今天这样优厚的俸禄，岂能常有？我们的生命又怎能长久地存在？一旦情况发生变化，而家人习惯于奢侈，不能马上转为节俭，必致流离失所。哪里比得上我在位或去位、身在或身亡，生活天天如常的好？"唉！这些大贤人的深谋远虑，岂是那些平庸的人所能赶得上的！

春秋时期鲁国大夫御孙说得好："节俭，是所有德行中共同的、首要的；奢侈，是所有邪恶中最大的。"共，同也，言有德者皆由俭来也。凡是节俭则少嗜欲。君子之人少嗜欲，就不会为外物所役使支配，可以直道而行；普通的人少嗜欲，就能持身谨慎，节约用度，不去犯罪而使家境丰裕。所以说："节俭，是所有德行中共同的、首要的。"与此相反，奢侈则多欲。君子之人多欲，就会贪图富贵，不走正道，招致祸患；普通的人多欲，则贪求钱财，滥用钱财，以致丧身败家。所以凡是奢侈多欲的人，做官必贪污受贿，居乡则一定会沦为盗贼。所以说："奢侈，是所有邪恶中最大的。"春秋时期，宋国上卿正考父每天以稀饭糊口，孟僖子由此就知道他的后代必有明达之人。季文子做过三个鲁君的宰相，可是他的妾不穿绸，马不食粟，士大夫都称赞他的忠诚。管仲的食器雕着花，系帽子的带子用红丝，居室雕成山形的斗拱和画着水草的短柱，孔子鄙视他胸无大志。卫国的公叔文子宴请卫灵公，史鰌预知他会惹出祸来，后来他的儿子公叔戍果因大富而得罪了国君，只身逃到国外。晋朝的何曾一天的吃食费就花去一万钱，传到孙子何绥，果以骄奢被杀。晋朝的石崇以奢侈浪费夸耀于他人，其结果是身死于刑场。本朝莱国公寇准豪华奢侈超过当时的人，因他功劳大，没人非议他，但其子孙继承奢侈家风，今多穷困。此外以节俭立声名、以奢侈而自我毁坏的人很多，不可能在这里一一列举出来，只是略举数例以告诫你，你不但自己要照着做，还要用它去训诫子孙后代，使他们个个都知道前辈们崇尚节俭的风尚。

张居正家训

【撰主简介】

张居正（公元 1525—1582 年），字叔大，号太岳，明湖广江陵县（今属湖北境内）人。明世宗嘉靖年间进士及第。明穆宗时与另一政治家高拱并任宰相，明神宗时代高拱为首辅，为相达十年之久。饬吏治，整边备，信赏必罚，令行禁止，海内称治。又大力整理赋税，使国库收入大增。是中国历史上著名的政治家和改革家之一。

他的文章简洁有力，锋芒凌厉。著有《张江陵集》流传后世。将要叙述的这篇家训，是张居正写给他的第四个儿子懋修的一封书信，帮助儿子总结科举考试失利的原因，鼓励儿子努力改正过去学习上的缺点。

切忌好高骛远

汝幼而颖异，初学作文，便知门路。吾尝以汝为千里驹，即相知诸公见者，亦皆动色相贺^①，曰："公之诸郎，此最先鸣者也。"乃自癸酉科举之后^②，忽染一种狂气，不量力而慕古，好矜己而自足，顿失邯郸之步^③，遂至匍匐而归^④。

丙子之春^⑤，吾本不欲汝求试，乃汝诸兄咸来劝我，谓不宜挫汝锐气，不得已黾勉从之^⑥，遂至颠蹶^⑦。艺本不佳，于人何尤？……又意汝必惩再败之耻，而频首以就矩矱也^⑧。岂知一年之中，愈作愈退，愈激愈颓。以汝为质不敏耶？固未有少而了了^⑨，长乃懵懵者^⑩；以汝行不力耶？固闻汝终日闭门，手不释卷。乃其所造尔尔，是必志骛于高远，而力疲于兼涉，所谓之楚而北行也，欲图进取，岂不难哉！

夫欲求古匠之芳躅^⑪，又合当世之轨辙^⑫，惟有绝世之才者能之。明兴以来，亦不多见。吾昔童稚登科，冒窃盛名，妄谓屈、宋、班、马^⑬，了不异人；区区一第，唾手可得。乃弃其本业，而驰骛古典^⑭。比及三年，新功未完，旧业已芜。今追忆当时所为，适足以发笑而自点耳^⑮。甲辰下第^⑯，然后揣己量力，复寻前辙，昼作夜思，殚精毕力，幸而艺成，然亦仅得一第止耳……今汝之才，未能胜余，乃不俯寻吾之所得，而蹈吾之所失，岂不谬哉！

……但汝宜加深思，毋甘自弃。假令才质驽下，分不可强。乃才可为而不为，谁之咎与？己则乖谬，而徒诿之命耶！惑之甚矣。且如写字一节，吾呶呶谆谆者几年矣^⑰，而潦草差讹，略不少变，斯亦命为之耶？区区小艺，岂磨次岁月乃能工耶？吾言止此矣，汝其思之。

——节录自《张江陵集》

注释

①动色：改变颜色。②癸酉：癸酉年，即明神宗万历元年（公元1573年）。③邯郸之步：比喻仿效别人不成，反丧失原有本领。④匍匐：伏地而行。⑤丙子：丙子年，即明神宗万历四年（公元1576年）。⑥黾：尽力，努力。勉：强勉，勉强。⑦颠蹶：倾跌。⑧频首：低头。矩矱：规则法度。⑨了了：聪明伶俐；明白事理。⑩懵懵：无知。⑪芳躅：指前代贤哲的行迹。⑫轨辙：喻法则、途径。⑬屈、宋、班、马：分别指屈原、宋玉、班固、司马迁。⑭驰骛：奔走。⑮点：小黑点，喻指污辱。⑯甲辰：甲辰年，明世宗嘉靖二十三年（公元1544年）。⑰呶呶：多言；唠叨。谆谆：教诲不倦。

译文

你从小就聪明异常，初学作文，便知门路。平日里认为你是我家的千里驹，就是一些要好的朋友见到，也都动色向我祝贺，并且说："您的几位公子当中，这个当最先闻名。"可是你自癸酉科举之后，忽染一种狂气，不量力而慕古，自负贤能而自足，反而连自己原有的本领都丢掉了，遂至伏行低头而归。

丙子年的春天，我本不想让你再去求试，只因你的几位兄长都来劝我，说不能挫伤你的锐气，我不得已勉强从之，遂至再次倾跌。艺本不佳，于人何怨？……我心想你必惩再败之耻，而低头以就规则法度。谁知道一年之中，愈学愈退步，愈鼓劲就愈衰败。是因为你的禀性不聪敏吗？本来就没有少而聪明伶俐、明白事理，而长大以后反而无知的；是你在实行过程中不努力吗？本来就听说你整天闭门，手不释卷。那么，之所以收效如此，必定是你好高骛远，贪多务得而用力不专，所谓本来要到南边的楚国去，可是老是往北走，这样一来欲图进取，难道不是很难的吗？

想追踪前代文豪巨匠的足迹，又符合当世的法则要求，只有绝顶聪明的人才能做到。自明朝开国以来，这样的人还不多见。我过去年少登科，窃取盛名，错误地认为屈原、宋玉、班固、司马迁等人，没有什么了不起；区区一进士及第，唾手可得。于是，就抛弃原来的学业而去钻研古典。等到三年过去，结果新功未成，旧业已废。现今回忆当年的所作所为，实在是使人发笑、令己自污了。甲辰年我科考落榜以后，我忖度自己并估量自己的力量，复寻前车之迹，不分白天黑夜地读书思考，用尽全身力气，幸好艺成，然而亦仅仅得一进士及第而已……今天你的才学，并未超过我，可是不去俯寻我之所得，而去重蹈我之所失，难道不是荒谬吗？

……只希望你应加以深思，不可自暴自弃。假如是才智低劣，则天分不可勉强。如果是其才可为而不为，那又是谁的罪过呢？自己行为荒谬，而一定要委之于命，太使人不解了。就拿写字一节来说吧！我唠唠叨叨、教诲不倦已有好几年了，而你仍写得潦草差谬，并没有多少变化，这难道也是命中注定的吗？像写字这样的小事，难道也要磨掉多少岁月以后才能写好吗？我就说到这里，你好好想想吧！

纪昀家训

【撰主简介】

纪昀（公元 1723—1805 年），字晓岚，一字春帆，晚号石云。清直隶献县（今属河北）人。乾隆十九年进士。历任贵州都匀府知府、内阁学士、左都御史、兵部尚书、礼部尚书等职。学问渊博，有通儒之称。乾隆三十八年，任《四库全书》总纂官。该书体例之确定、总目之分类、类序之撰述，以及轻重先后、斟酌损益，多由他裁定。又主持编撰《四库全书总目提要》，于经史子集、公私著述、评论得失、考证异同、辨析源流等，成为中国目录学方面的巨著。晚年任协办大学士加太子少保。死后谥"文达"。另著有《阅微草堂笔记》《纪文达公文集》等七种著作传世。

子弟应切记"四戒"和"四宜"

原文

父母同负教育子女责任，今我寄旅京华①，义方之教②，责在尔躬③。而妇女心性，偏爱者多。殊不知，爱之不以其道，反足以害之焉。其道维何④？约言之，有四戒、四宜：一戒晏起⑤，二戒懒惰，三戒奢华，四戒骄傲。既守四戒，又须规以四宜：一宜勤读，二宜敬师，三宜爱众，四宜慎食。以上八则，为教子之金科玉律⑥，尔宜铭诸肺腑⑦，时时以之教诲三子。虽仅十六字，浑括无穷⑧，尔宜细细领会，后辈之成功立业，尽在其中焉。书不一一⑨，容后续告。

——节录自《纪晓岚家书》

注释

①寄旅：旅居。京华：京都。②义方：做人的正道，后多指家教。③尔：你。躬：亲自；身体。④维何：由于什么。维，由于。⑤晏：晚。⑥金科玉律：原指完美重要的法令，后泛指完美不可移易的章程、规则。⑦铭诸肺腑：牢记在心。⑧浑：简直；几乎。括：包括。⑨一一：逐一。

译文

本来，父亲、母亲有共同负担教育子女的责任。现在我正旅居京都，家庭教育的责任，便落在你的肩上。然而，妇女的心情、性格，往往偏爱子女者居多。殊不知，爱孩子不得其道，反倒是害了他们。爱子之道是什么呢？概括地说，它有四戒和四宜。所谓四戒就是：一戒晚起，二戒懒惰，三戒奢侈华丽，四戒骄傲。不仅要遵守这四戒，还要有四宜的规矩。所谓四宜是指：一宜勤奋读书，二宜尊敬老师，三宜普爱众生，四宜小心饮食。以上八条，是教育子女的金科玉律，你应当牢记心间，随时用它们来教诲三个孩子。虽然只有十六个字，但它所包含的内容无穷无尽，你可要细心领会，下一代人能否成功立业，就都在这上面了！其他事我就不逐一写了，等以后再写信告诉你。

不要结交伪君子

原文

尔初入世途①，择交宜慎。友直，友谅，友多闻，益矣②。误交真小人，其害犹浅；误交伪君子，其祸为烈矣。

盖伪君子之心，百无一同：有拗捩者③；有黑如漆者；有曲如钩者；有如荆棘者；有如刀剑者；有如蜂虿者④；有如狼虎者；有现冠盖形者⑤；有现金银气者。业镜高悬⑥，亦难照彻。缘其包藏不测⑦，起灭无端⑧，而回顾其形，则皆岸然道貌⑨，非若真小人之一望可知也。并且，此等外貌麟鸾⑩、中藏鬼蜮之人⑪，最喜与人结交，儿其慎之。

——节录自《纪晓岚家书》

注释

①世途：人生道路。②友直，友谅，友多闻，益矣：句出《论语·季氏》。直，正直。谅，诚信。多闻，多所见闻，指博学。③拗捩：拗折；倔强；不顺从。④蜂虿：蜂与蝎。毒虫的泛称。⑤冠盖：官吏的服饰与车乘，借指官吏。冠，礼帽。盖，车盖。⑥业镜：佛教指冥界照映众生善恶的镜子。⑦缘：因为。包藏：暗藏，隐藏。不测：不可测度，言其真实思想看不清、猜不透。⑧起：发生；兴起。灭：消失；结束。无端：无缘无故；没有起点，没有尽头。⑨岸然道貌：正经严肃而又高傲的样子。含贬义。⑩麟鸾：代指高贵之人。麟，传说中的珍兽名。鸾，凤凰之类的神鸟。⑪鬼蜮：蜮，古代传说中一种能含沙射人使人生病的动物。鬼蜮系借指那些阴险害人者。

译文

你刚走上人生道路，步入社会，选择朋友，与人交往应当小心谨慎。朋友正直，朋友诚信，朋友博学，对自己大有好处。如果误交上真正的小人，所造成的危害还不一定很严重；误交上一个伪君子，带来的祸害就很大了。

大凡伪君子的真实用心，一百个之中并无一个相同。他们有的是倔强、不顺从；有的是心黑如漆；有的内心世界七弯八拐，就像钩子一样；有的"肚里生荆棘"，颇有心计；有的人说话比蜂蜜还甜，但心里藏有锋刃利剑；有的人像蜂、蝎一样阴险狠毒；有的则像虎狼一样凶残；有的人外表是达官贵人模样；有的人则巨贾豪富的气派。哪怕是用阴间能分辨善恶的业镜高悬面前，也难穿透这些人的内心世界。因为，他们深藏不露的内心世界，难以猜度的真实思想，从产生到消失，既找不到头，更寻不着尾，实在难以捉摸。然而，回过头来看看他们，没有一个不是道貌岸然的模样，并不像那些真正的小人，一眼便可认出他们来。况且，这类外表高贵、内心险恶之人，最喜欢与人结交，我儿可要当心他们啦！

曾国藩家训

【撰主简介】

曾国藩（公元 1811—1872 年），字涤生，湖南湘乡人。清道光年间进士。咸丰二年底（公元 1853 年初），他以吏部侍郎身份奉旨在家乡湖南创办团练，后在此基础上扩编成为湘军，与太平天国农民运动为敌，为延长清王朝六十余年的寿命立下了汗马功劳，历任礼、兵、工、刑、吏各部侍郎，后授大学士一等毅勇侯的官爵，死后受封"文正"的谥号。

曾国藩家训很有影响，兹从岳麓书社版《曾国藩全集·家书》选取部分内容，以飨读者。

切不可浪掷光阴

原文

尔今年十八岁，齿已渐长①，而学业未见其益。陈岱云姻伯之子号杏生者②，今年入学，学院批其诗冠通场。渠系戊戌二月所生③，比尔仅长一岁，以其无父无母，家境清贫，遂尔勤苦好学④，少年成名。尔幸托祖父余荫⑤，衣食丰适，宽然无虑，遂尔酣豢佚乐⑥，不复以读书立身为事。古人云劳则善心生，佚则淫心生；孟子云生于忧患⑦，死于安乐。吾虑尔之过于佚也……

余在军中不废学问，读书写字未甚间断，惜年老眼蒙，无甚长进。尔今未弱冠⑧，一刻千金，切不可浪掷光阴。

——节录自咸丰六年十月初二日《谕纪泽》

注释

①齿：这里指年龄。②姻伯：由于婚姻关系结成的亲戚称为姻亲，姻伯即具备这种亲戚关系且比自己父亲年长的男子。号：原指名和字以外另起的别号，后来也泛指名以外的字和别号。③渠：他。④遂尔：于是。⑤余荫：指先辈遗留下来的恩福。⑥酣豢佚乐：相当于说"吃饱喝足、安闲享乐"。⑦孟子：战国思想家。⑧弱冠：古代指男子二十岁。

译文

你今年十八岁，已经渐渐成年了，但不见你的学业有所长进。陈岱云姻伯有个叫杏生的儿子，今年考进太学，学院把他所作的诗批为整个考场的第一名。他是戊戌年二月出生的，仅仅比你大一岁，他因为没有父母，家境贫寒，于是勤奋读书，刻苦好学，年纪轻轻就成名了。而你只是有幸依托祖父传留下来的福荫，穿衣吃饭都丰足舒适，心情宽舒，无忧无虑，于是就只知吃饱喝足，安闲享乐，不再把读书学习、立身处世当作一回事。古人说过人一劳苦就产生善良的心地，人一安逸就产生淫邪的念头；孟子也说过"生于忧患，死于安乐"。我担心你是过于安逸了呀……

我虽在军营里，却不曾废弃学问，读书写字都没有怎么间断，只可惜年老眼花，没有太大长进。而你现在还不到二十岁，时光一刻值千金啊，切切不可放任自己，虚掷光阴！

读书须做到"涵泳""体察"

原文

汝读《四书》无甚心得①，由不能虚心涵泳②，切己体察③。朱子教人读书之法④，此二语最为精当。尔现读《离娄》⑤，即如《离娄》首章"上无道揆，下无法守"⑥，吾往年读之，亦无甚警惕⑦；近岁在外办事，乃知上之人必揆诸道，下之人必守乎法；若人人以道揆自许，从心而不从法，则下凌上矣⑧。"爱人不亲"章，往年读之，不甚亲切；近岁阅历已久，乃知治人不治者，智不足也。此切己体察之一端也。

涵泳二字，最不易识，余尝以意测之曰：如春雨之润花，如清渠之溉稻。雨之润花，过小则难透，过大则离披⑨，适中则涵濡而滋液⑩。清渠之溉稻，过小则枯槁⑪，过多则伤涝⑫，适中则涵养而勃兴⑬。泳者，如鱼之游水，如人之濯足⑭。程子谓鱼跃于渊⑮，活泼泼地；庄子言濠梁观鱼⑯，安知非乐？此鱼水之快也。左太冲有"濯足万里流"之句旧⑰，苏子瞻有《夜卧濯足》诗⑱，有《浴罢》诗，亦人情乐水者之一快也。善读书者，须视书如水，而视此心如花、如稻、如鱼、如濯足，则涵泳二字，庶可得之于意言之表⑲。尔读书易于解说文义，却不甚能深入，可就朱子"涵泳""体察"二语悉心求之⑳。

——节录自咸丰八年八月初三日《谕纪泽》

注释

①汝：你。②虚心涵泳：心胸宽广，使之如受水的浸润，如在水中潜游。即悉心领会或融会贯通。③切己体察：切身体验。④朱子：即宋理学家朱熹。⑤《离娄》：篇章名。⑥上无道揆，下无法守：上层的统治者没有建立和掌握好一定的思想政治体系，下层的平民百姓就没有法制可遵循。揆，掌握；管理。⑦警惕：即引起注意。⑧凌：凌侮；欺辱。⑨离披：散乱；倒伏。⑩涵濡：浸润，润湿。滋液：滋润。⑪枯槁：干枯。⑫伤涝：庄稼被淹。⑬勃兴：振作；兴起。这里相当于说生机勃发。⑭濯：洗涤。⑮程子：指程颐，北宋理学的奠基者之一。⑯濠梁：河桥。⑰左太冲：即左思，西晋文学家。濯足万里流：意思是在河里洗脚，任河水从脚上流向远方。⑱苏子瞻：即北宋文学家苏轼。⑲庶：庶几；差不多。⑳悉心：尽心；用尽所有的心思。

译文

你读四书没有什么心得体会，是由于你不能做到心境深广，使之如受水的浸润，如在水中潜游；也由于你没有去亲身体验。朱熹教人读书的方法中，以这两句话（指上文的"虚心涵泳，切己体察"）说得最为精当。你现在读《离娄》，就像《离娄》第一篇的"上无道揆，下无法守"，我往年读它，也没有怎么引起自己的注意；而近年在外边办事，才明白上层统治者必须建立掌握好一定的思想政治体系，下层平民必须遵守法令制度；如果人人都只认可自己的思想观点，听凭自己的意愿而不遵循法制，那么就会是下层百姓凌辱上层统治者了。"爱人不亲"一篇，往年读它，并不感到十分亲切；而近年来随着阅历的日益增加，才知道统治百姓却不能统治好，是因为才智不够。这是我的一种亲身体验吧。

"涵泳"两个字，最不容易领会其深刻含义了，我曾从意义上揣测，来这样理解：所谓"涵"，好比绵绵春雨滋润花草，好比清清渠水灌溉禾苗。春雨滋润花草，太小就难以使花草湿透，而太大就容易使花草倒伏，恰如其分则会使花草浸湿而又滋润。渠水灌溉禾苗，太小就会使禾苗干枯，太多就会使禾苗淹没，恰如其分就会使禾苗滋润而苗壮。所谓"泳"，好比鱼儿在水里游动，好比人在水里洗脚。程颐说鱼儿在潭水里跳跃，显得十分活泼；庄子说在桥上看鱼儿在河里游动，人们哪里知道它们不快乐呢？这是鱼儿在水中得到的愉悦。左思曾经写过"濯足万里流"的佳句，苏轼也作过吟咏夜里躺着洗脚的诗篇，还有沐浴完毕后的诗篇，这也可见天性就乐于在水中的人们所享受到的一种愉悦。善于读书的人，必须把书籍看成水，而将自己的心智当作花草、当作禾苗、当作游水的鱼、当作洗涤的脚。这样一来，那么"涵泳"二字，差不多可以明白它的深刻含义而且能用语言表达出来了。你读书能轻易地解释字面意义，却不能十分深入领会，现在你可以就朱熹说的"涵泳""体察"这两句话尽力地探求一番了。

学做高邮王氏那样的学问大家

原文

余于本朝大儒，自顾亭林之外①，最好高邮王氏之学②。王安国以鼎甲官至尚书③，谥文肃，正色立朝④。生怀祖先生念孙⑤，经学精卓⑥。生王引之，复以鼎甲官尚书，谥文简。三代皆好学深思……余自憾学问无成，有愧王文肃公远甚，而望尔辈为怀祖先生⑦，为伯申氏⑧，则梦寐之际，未尝须臾忘也。怀祖先生所著《广雅疏证》《读书杂志》，家中无之。伯申氏所著《经义述闻》《经传释词》，《皇清经解》内有之。尔可试取一阅。

本朝穷经者⑨，皆精小学⑩，大约不出段、王两家之范围耳⑪。

——节录自咸丰八年十二月三十日《谕纪译》

注释

①顾亭林：即明清之际的顾炎武，字亭林。②高邮王氏之学：指清前期江苏高邮地区王安国、王念孙、王引之祖孙三代精于经学，故世称高邮王氏之学。③鼎甲：科举考试中殿试名列一甲的三人，即状元、榜眼、探花的总称。官至尚书：王安国曾于雍正九年晋升兵部尚书，次年转礼部尚书，后又迁吏部尚书，故云"官至尚书"。④正色：指表情端庄严肃。⑤怀祖：即王念孙。怀祖是他的字。⑥学精卓：指王念孙的经学精通卓越。⑦尔辈：你们；你们这些人。⑧伯申氏：指王引之。伯申是他的字。⑨穷经：深入研究经籍。⑩小学：即文字训诂之学。⑪段、王两家：段指段玉裁，通经学，尤精小学；王是指王念孙及其父王安国、其子王引之，精于名物考证，专于校勘、训诂。

译文

我对于本朝的著名读书人，除明清之际的顾炎武之外，就最爱好高邮王安国、王念孙、王引之祖孙三代之学了。王安国以鼎甲而官至尚书，谥文肃，在朝供职端庄严肃。他生下王怀祖先生，怀祖名念孙，其经学精通卓越。怀祖先生生下王引之，又以鼎甲官至尚书，谥文简。祖孙三代皆好学深思……我自己深感遗憾的是学问无成，有愧于王文肃公甚远，而希望你们这一代成为怀祖先生这样的学问家，希望你们的下一代成为伯申先生这样的学问家。我的这些希望即使在睡觉做梦的时候，一刻也不曾忘记。怀祖先生所著《广雅疏证》《读书杂志》，家中是没有。伯申先生所著《经义述闻》《经传释词》，《皇清经解》中刊载着。你可试取一阅。

我朝深入研究经籍的人，都精通文字训诂之学，不过大体上超不出段（玉裁）和王（王安国、王念孙、王引之）两家的范围。

不可积钱买田而应努力读书

原文

泽儿看书天分高，而文笔不甚劲挺①，又说话太易②，举止太轻③，此次在祁门为日过浅④，未将一轻字之弊除尽，以后须于说话走路时刻刻留心。鸿儿文笔劲健⑤，可慰可喜。此次连珠文⑥，先生改者若干字？拟体系何人主意⑦？再行详禀告我。

银钱田产最易长骄气逸气，我家中断不可积钱，断不可买田。尔兄弟努力读书，决不怕没饭吃，至嘱！

——节录自咸丰十年十月十六日《谕诸儿》

注释

①文笔：文章用词造句的风格。劲挺：刚劲；挺拔。②易：轻视；简慢。③轻：轻浮；不庄重。④为日：相当于说"度过的日子"。浅：指时间短。⑤劲健：刚劲；稳健。⑥连珠文：一种文体，通篇用前一句的结尾做后一句的开头，使邻接句子递承紧凑，即采用顶针、回文的手法，实际上是一种文字游戏。⑦体：指文体格局。

译文

泽儿读书显得天资不低，但文笔不怎么刚劲挺拔，并且平时说话太简慢，举止太轻浮，这一次来这里在祁门住的日子太短，没有将一个"轻"字的毛病消除尽，今后说话走路时必须时时留心。鸿儿文笔刚劲稳健，令人欣慰。这次写的连珠文，经过先生改过的有多少字？拟制文体格局是谁的构思？再写信细告诉我。

银钱、土地财产最容易使人增长骄横安逸的习气，我们家里绝不能攒钱、买田。你们兄弟几个只管努力读书，绝不怕没饭吃，这是我最要嘱咐你们的了！

读书可以变化人的气质

原文

人之气质，由于天生，本难改变，惟读书则可变化气质。古之精相法者，并言读书可以变换骨相。欲求变之之法，总须先立坚卓之志。即以余生平言之：三十岁前，最好吮烟，片刻不离，至道光壬寅十月二十一日立志戒烟，至今不再吃。四十六岁以前作事无恒，近五年深以为戒，现在大小事均尚有恒。即此二端，可见无事不可变也。尔于"厚重"二字，须立志变改。古称"金丹换骨"，余谓立志即丹也。

——节录自同治元年四月二十四日《谕纪泽》

译文

人的气质由于是天生的，本来就难以改变，唯有读书可以变化气质。古代那些精通相面方法的人，都说读书可以变换骨相。想要得到变换骨相的方法，总要首先立下艰苦卓绝的志向。就拿我的一生来说：我三十岁以前最喜欢吸烟，片刻不离，至道光壬寅年十一月二十一日立志戒烟，至今不再吸烟了。四十六岁以前做事没有恒心，近五年来深以为戒，现在大小事都还有恒心。就这两点就可见没有什么事是不可以改变的。你在"厚重"二字上，必须立志变化改观。古人称"金丹换骨"，我说立志就是金丹。

学作文应循序渐进

原文

尔《说文》将看毕[①]，拟先看各经注疏。再从事于词章之学。余观汉人词章，未有不精于小学训诂者。如相如[②]、子云[③]、孟坚[④]，于小学皆著一书，《文选》于此三人之文著录最多⑤。余于古文，志在效法此三人并司马迁⑥、韩愈五家⑦，以此五家之文，精于小学训诂，不妄下一字也。

尔于小学既粗有所见，正好从词章上用功。《说文》看毕之后，可将《文选》细读一过。一面细读，一面钞记，一面作文，以仿效之。凡奇僻之字、雅故之训⑧，不手钞则不能记，不摹仿则不惯用。

自宋以后，能文章者不通小学；国朝诸儒，通小学又不能文章。余早岁窥此门径，因人事太繁，又久历戎行，不克卒业，至今用为疚憾。尔之天分，长于看书，短于作文。此道太短，则于古书之用意行气，必不能看得谛当。目下宜从短处下工夫，专肆力于《文选》，手钞及摹仿二者皆不可少。待文笔稍有长进，则以后诂经读史⑨，事事易于着手矣。

——节录自同治元年五月十四日《谕纪泽》

注释

①《说文》：即汉代许慎所撰《说文解字》。②相如：西汉辞赋家司马相如。撰有字书《凡将篇》，已佚。清马国翰《玉函山房辑佚书》有辑本。③子云：西汉文学家、哲学家、语言学家扬雄。著有字书《训纂篇》，已佚。清马国翰《玉函山房辑佚书》有辑本。另著有方言训诂学著作《方言》（輶轩使者绝代语释别国方言）十三卷。④孟坚：东汉史学家、文学家班固。⑤《文选》：现存中国的诗文总集。⑥司马迁：西汉史学家、文学家。⑦韩愈：唐臣、文学家。⑧雅：合乎规范的。故：久；旧。⑨诂：以今言解释古言。

译文

你把《说文解字》看完，就先看各经书注疏，再从事研究诗文的学问。我看汉代人的诗文，没有不精通语言文字训诂的。如司马相如、扬雄、班固对语言文字学都专门著有一书，《文选》对这三人的文章收录最多。我对于古文，志在效法这三个人和司马迁、韩愈五家，因为这五家的文章，精通语言文字训诂，不随便写一个字。

你对语言文字学既然粗略有些见解，正好从诗文上用功。将《说文解字》看完之后，可将《文选》细读一遍。一面细读，一面抄记，一面作文，以仿效其中的诗文。凡奇异怪僻的字，规范的古老的训释，不手抄就不能记住，不摹仿就不能习惯应用。

自宋朝以后，能写文章的人并不精通语言文字学；本朝的各位大儒，精通语言文字学的又不能写文章。我早年就窥察到了这个门径，因人情事理太繁杂，又长期从事军事，不能完成此业，至今引为愧疚遗憾。你的天分，长于看书，短于作文。不擅长写文章，就对古书中的含义和风格必定不能看得仔细确切。眼下应当从短处下功夫，专心致力在《文选》上面，手抄及摹仿两方面都不可少。等到写文章的技巧和风格稍有长进，以后解释经书和阅读史书，就会事事得心应手了。

须在五十岁以前将应看之书看完

原文

余以生平学术百无一成，故老年犹思补救一二。你兄弟总宜在五十以前将应看之书看毕，免致老大伤悔也[1]。

——节录自同治十年九月十二日《谕纪泽》

注释

[1]伤悔：伤心悔恨。

译文

我常常感到我的一生在学术方面没有取得什么成就，所以在晚年还想做点补救。你们兄弟无论如何应当在五十岁以前，把应该阅读的书籍读完，以免年纪大了以后伤心后悔。

但愿子孙为读书明理之君子

原文

家中人来营者，多称尔举止大方，余为少慰①。凡人多望子孙为大官，余不愿为大官，但愿为读书明理之君子。勤俭自持，习劳习苦，可以处乐，可以处约，此君子也。余服官二十年②，不敢稍染官宦气习，饮食起居，尚守寒素家风，极俭也可，略丰也可，太丰则吾不敢也。

凡仕宦之家③，由俭入奢易，由奢返俭难。尔年尚幼，切不可贪爱奢华，不可惯习懒惰。无论大家小家、士农工商，勤苦俭约未有不兴；骄奢倦怠未有不败。尔读书写字，不可间断。早晨要早起，莫坠高曾祖考以来相传之家风④，吾父吾叔，皆黎明即起，尔之所知也。

凡富贵功名，皆有命定，半由人力，半由天事。惟学作圣贤，全由自己作主，不与天命相干涉。吾有志学为圣贤。少时欠居敬工夫，至今犹不免偶有戏言戏动⑤。尔宜举止端庄，言不妄发，则入德之基也。

——节录自咸丰六年九月二十九日夜《谕纪鸿》

注释

①少：稍；略微。②服官：相当于说"做官"。服，做事。③仕宦：旧指做官。④坠：失去；丢掉。高曾祖考：从高祖到曾祖、祖父、父亲。⑤戏：开玩笑。

译文

来军营的家里人，大多说你举止大方，我为你感到些许欣慰。大抵人们多半希望自己的子孙做大官，我却不愿我的子孙们做大官，只愿你们做读书明理的君子。勤俭自持，习于劳苦，既能身处安乐之中，又可身处俭省之中，这样的人就是节操高尚的君子。我做官二十年，不敢稍稍沾染一点儿达官贵人的习气，饮食起居，还是遵循清贫的家风，可以非常节俭，也可以略微丰裕，而过分的丰裕我就不敢享用了。

大凡做官的人家，从勤俭走向奢侈很容易，而从奢侈转到勤俭却相当艰难。你年纪还小，千万不能贪求奢华，不能惯于懒惰。你要知道，无论是大家庭还是小家庭，也无论是读书人还是种田的，做工的或者经商的，凡是勤劳、艰苦、俭省、节约的人家都无一不兴旺；相反，凡是骄横、奢侈、懒倦、懈怠的人家都无一不衰败。你读书练字，不能间断。早晨一定要早起床，不要丢掉从我高祖直到我父亲以来一贯相传的这一优良家风。我的父亲、叔父，都天一亮就起床，这是你亲身了解到了的。

大凡富贵功名，都由命运来安排决定，一半由人本身做出努力，一半则由天意去成全。只有学做圣贤，全由自己本身主观努力，并不与天命相关。我有志于学做圣贤，只可惜小时候没有好好养成毕恭毕敬的习惯，到现在都不免偶尔有不庄重的言谈举止。你应该做到举止端庄，不随便乱说话，这才是培养自己优良品德的开端。

做人的道理重在"敬、恕"二字

原文

至于做人之道，圣贤千言万语，大抵不外"敬、恕"二字①。

尔心境明白，于恕字或易著功②，敬字则宜勉强行之③。此立德之基④，不可不谨。

——节录自咸丰八年七月二十一日《谕纪泽》

注释

①恕：宽容。②著：明显。③勉强：尽力而为。④立德：树立圣人之德。

译文

至于做人的道理，古代的圣贤已经讲得很多了，但大体上不外乎"敬""恕"二字。

你的心境看来还是明白的，对于"恕"字有可能比较容易做出成绩，对于"敬"字也应当尽自己力量去实行。这是树立圣人之德的基础，不可不谨慎对待。

一定要经风霜磨炼

原文

身体虽弱，处多难之世，若能风霜磨炼，苦心劳神，亦自足坚筋骨而长识见。沅甫叔向最羸弱①，近日从军，反得壮健，亦其证也。

——节录自咸丰九年三月初三日《谕纪泽》

注释

①沅甫：即曾国藩的弟弟曾国荃。

译文

你的身体虽然虚弱，但处于多难之世，如果能够经过风霜磨炼，苦心劳神，那么一定能够坚筋骨而长见识。你的沅甫叔叔向来身体最为羸弱，近日从军以后，身体反而健壮起来，就是一个证明。

当思雪我"三耻"

原文

余生平有三耻：学问各途，皆略涉其涯涘①，独天文算学，毫无所知，虽恒星五纬亦不识认②，一耻也；每作一事，治一业，辄有始无终③，二耻也；少时作字，不能临摹一家之体，遂致屡变而无所成，迟钝而不适于用，近岁在军，因作字太钝，废阁殊多④，三耻也。尔若为克家之子⑤，当思雪此三耻。推步算学，纵难通晓，恒星五纬，观认尚易。家中言天文之书，有《十七史》中各天文志，及《五礼通考》中所辑《观象授时》一种。每夜认明恒星二三座，不过数月，可毕识矣。凡作一事，无论大小难易，皆宜有始有终。作字时，先求圆匀，次求敏捷。若一日能作楷书一万，少或七八千，愈多愈熟，则手腕毫不费力。将来以之为学，则手钞群书⑥；以之从政，则案无留牍⑦。无穷受用，皆自写字之匀而且捷生出。三者皆足弥吾之缺憾矣⑧。

——节录自咸丰八年八月二十日《谕纪泽》

注释

①涯涘：水边，泛指边缘。②虽：即使。五纬：指五大行星。纬，行星的古称。③辄：总是。④阁：同"搁"，停止。⑤克家之子：指能继承祖先事业的子弟。⑥钞：同"抄"，抄录。⑦牍：文件。⑧弥：弥补；补充。

译文

我平生有三大耻辱：各门学问，都略微有所涉及和接触，唯独天文测算，一点儿也不懂，即使是恒星、行星也不曾认识。这是第一大耻辱。每做一件事情，从事一项事业，总是有始无终。这是第二大耻辱。小时候练字，不能临摹某一家的书体，于是导致多次更改而无所成就，书写迟钝而不宜实用。近年在军营里，就因为写字太迟钝，干脆搁笔不写的时候特别多。这是第三大耻辱。你如果是能继承先辈事业的子弟，就应当立志洗刷我的这三大耻辱。天文推测和计算，纵然不易也要强迫自己通晓；至于恒星、行星，观察识别起来还比较容易。家中关于天文的书籍中，有《十七史》里的各种天文志，以及《五礼通考》所辑录的一篇《观象授时》，这些都可仔细研读。同时，每夜识别两三个恒星座，不到几个月，就可以全部识别清楚了。凡是做一件事情，不论大小难易如何，都应该有始有终。练字时，先要讲求圆润、匀称，然后才讲求敏捷、迅速。如果一天能写一万个楷书字，或者少则七八千字，越练得多就越熟练，那么手腕就毫不感到费力了。将来凭这个本领做学问，就能抄写各种书籍；凭这个本领从事政务，那么案头就不至于剩下一些公文办不完。无穷的得益，都是由写字匀称而且迅速的好习惯带来的。以上三个方面如果做到了，都足以弥补我的终生缺憾了。

家运兴衰与穷通决定于勤惰

原文

家之兴衰，人之穷通①，皆于勤惰卜之②。泽儿习勤有恒，则诸弟七八人皆学样矣。

——节录自同治五年七月二十日《谕纪泽纪鸿》

注释

①穷通：贫困与显达。②卜：估量；预测。

译文

一个家庭的兴衰，一个人的穷通，都可以于勤惰中预测到。泽儿学习勤奋有恒心，那么弟弟们七八人都可以学习他这个榜样了。

富贵之家不可敬远亲而慢近邻

原文

诚富贵之家不可敬远亲而慢近邻也①。我家初移富坨②，不可轻慢近邻，酒饭宜松，礼貌宜恭……除不管闲事、不帮官司外，有可行方便之处，亦无吝也。

——节录自同治五年十一月二十六日《谕纪泽》

注释

①慢：怠慢；轻慢。②富圫：曾国藩家居之地，名富厚堂。

译文

我郑重告诫泽儿，富贵之家不可敬远亲而怠慢近邻。我家前不久才移居富圫，不可以轻慢近邻，酒饭宜松动一点儿，礼貌宜恭敬一点儿……除了不管闲事、不帮别人打官司这两件事以外，凡是有可行方便的地方，也不要吝啬呀！

处世须以谦谨二字为主

原文

尔在外以"谦""谨"二字为主。世家子弟，门第过盛，万目所瞩。临行时，教以三戒之首末二条及力去傲惰二弊，当已牢记之矣。场前不可与州县来往，不可送条子。进身之始，务知自重。

——节录自同治三年七月初九日《谕纪鸿》

译文

你在外面要以谦（虚）、谨（慎）二字为主。世家子弟，门第过于盛大，为千千万万的人所瞩目。临走的时候，教你三戒的首末两条及努力去掉骄傲、懒惰两个弊病，想必已经牢记了。科举考试之前不可与州官、县官往来，不可以送条子。特别是提拔任用之始，务必知道自重。

势利机巧之心与猎取清廉虚名均不可取

原文

余生平最怕以势利相接，以机心相贸，决计不作京官，亦不愿久作直督①。约计履任一年即当引疾悬车②，若到官有掣肘之处③，并不待一年期满矣。

凡散财最忌有名，总不可使一人知（一有名便有许多窒碍。或捏作善后局之零用，或留作报销局之部费，不可捐为善举费）。至嘱至嘱！余生平以享大名为忧，若清廉之名，尤恐折福也。

——节录自同治八年正月二十二日《谕纪泽》

注释

①直督：直隶（今属河北、天津一带）总督。②悬车：停车。喻指辞官归家。③掣肘：比喻别人在做事的时候，从旁牵制。语出《吕氏春秋·具备》。

译文

我平生最害怕以势利去结交别人，以智巧狡诈的心计去与人做交换，从而下定决心不做京城之官，也不愿久做直隶总督之官。大约到任一年后即要以身体有病为由辞职，如果到任后做事有受到牵制之处，并不要等到一年期满。

凡是散送钱财给别人，最怕的是留下姓名，总以不让一个人知道才好（一有姓名，便会产生许多意想不到的麻烦。那么，怎样才能不让人知道呢？这就是：或者谎称用于抚恤军民的善后局费用，或于留作军营报销局之部拨经费，绝不可捐为公开名目的慈善赈济费用）。这点特别嘱咐你们引起注意！我一生常常以享誉大名为忧虑不安之事，如果猎取得清廉之名声，尤其害怕断了自己的幸福。

应以好学与节俭为立身持家之本

吾望尔兄弟殚心竭力，以好学为第一义，而养生亦不宜置之第二……署中用度宜力行节俭。近询各衙门①，无如吾家之靡费者，慎之！

——节录自同治十年九月二十八日《谕纪泽纪鸿》

注释

①询：问；征求意见。

译文

我殷切希望你们兄弟能够竭尽身心，以勤学好问作为第一件应尽的责任来对待，而保养身体当然也应当看得很重要……你们在官署中的一切开支，应当力行节俭。我近来了解各衙门意见，相比之下没有如我们这个家庭铺张浪费的，你们必须谨慎为之！

办丧事不可铺张

原文

一出家辄十四年①，吾母音容不可再见，痛极痛极！不孝之罪，岂有稍减之处！兹念京寓眷口尚多，还家甚难，特寄信到此，料理一切……

开吊散讣不可太滥②，除同年同乡门生外，惟门簿上有来往者散之，此外不可散一分。其单请庞省三先生定。此系无途费，不得已而为之，不可滥也；即不滥，我已愧恨极矣。

外间亲友，不能不讣告寄信，然尤不可滥，大约不过二三十封。我到武昌时当寄一单来，并寄信稿，此刻不可遽发信③……

——节录自咸丰二年七月二十五日《谕纪泽》

注释

①辄：即；就。②开吊：有丧事的人家在出殡以前定期接待亲友来吊唁。讣：报丧，也指报丧的通知。③遽：急；仓促。

译文

我一离家就十四年，母亲大人的音容笑貌已不能再看到了，真是悲痛至极！不孝之罪，哪里有稍稍减轻的地方！现在想及北京寓所里家眷还不少，回老家是件不容易的事，所以特意寄信到北京，安排一切……

举行吊唁、散发讣文都不能太多，除我的同年、同乡和弟子外，只有门簿上有往来的才可散发，此外不能再散一份。这件事就请庞省三先生决定吧。这是因为没有路费，不得已而这么做的，千万不能过滥；即使不滥，我已非常愧疚了。

外面的亲友，不得不写信告诉他们，但是尤其不能过滥，大约不过二三十封吧。我到武昌时，会寄一个名单来，并且附上信稿，现在不能仓促发信……

临危遗嘱：一意读书、勤俭治家

原文

……目下值局势万紧之际①，四面梗塞②，接济已断③，加此一挫，军心尤大震动。所盼望者……事或略有转机，否则不堪设想矣。

余自从军以来，即怀见危授命之志④。丁、戊年在家抱病，常恐溘逝牖下⑤，渝我初志⑥，失信于世。起复再出，意尤坚定，此次若遂不测⑦，毫无牵念。自念贫窭无知⑧，官至一品，寿逾五十⑨，薄有浮名⑩，兼秉兵权⑪，忝窃万分⑫，夫复何憾⑬！惟古文与诗，二者用力颇深，探索颇苦，而未能介然用之[14]，独辟康庄[15]。古文尤确有依据，若遽先朝露[16]，则寸心所得，遂成广陵之散[17]。作字用功最浅，而近年亦略有入处[18]。三者一无所成，不无耿耿[19]。

至行军本非余所长[20]，兵贵奇而余太平[21]，兵贵诈而余太直，岂能办此滔天之贼[22]？即前此屡有克捷[23]，已为侥幸[24]，出于非望矣。尔等长大之后，切不可涉历兵间，此事难于见功，易于造孽[25]，尤易于贻万世口实[26]。余久处行间[27]，日日如坐针毡[28]，所差不负吾心[29]，不负所学者，未尝须臾忘爱民之意耳[30]。近来阅历愈多，深谙督师之苦[31]。尔曹惟当一意读书[32]，不可从军，亦不必作官。

吾教子弟不离八本、三致祥[33]。八者曰：读古书以训诂为本，作诗文以声调为本[34]，养亲以得欢心为本，养生以少恼怒为本，立身以不妄语为本，治家以不晏起为本[35]，居官以不要钱为本，行军以不扰民为本。三者曰：孝致祥，勤致祥，恕致祥[36]。吾父竹亭公之教人，则专重孝字。其少壮敬亲，暮年爱亲，出于至诚。故吾纂墓志[37]，仅叙一事。吾祖星冈公之教人，则有八字，三不信：八者，曰考、宝[38]、早、扫、书、蔬、鱼、猪；三者，曰僧巫[39]，曰地仙[40]，曰医药，皆不信也。处兹乱世，银钱愈少，则愈可免祸；用度愈省[41]，则愈可养福。尔兄弟奉母[42]，除劳字俭字之外，别无安身之法[43]。吾当军事极危，辄将此二字叮嘱一遍[44]，此外亦别无遗训之语[45]，尔可禀告诸叔及尔母无忘。

——节录自咸丰十一年三月十三日《谕纪泽》

注释

①目下：目前。②梗塞：阻塞。③接济：此指接应，援助。④见危授命：到了危亡关头勇于献出生命。相当于说"临危授命"。⑤溘逝：突然死去。牖：窗户。⑥渝：改变。⑦遭：这里是遇到的意思。不测：没有预测到的，此处指意外之死。⑧贫窭：贫穷。⑨逾：超过。⑩薄有浮名：即"稍有虚名"。薄，稍微。浮，空虚，不实在。⑪秉：掌握；主持。⑫忝窃：私下感到惭愧。⑬夫：那。⑭介然：独特地。⑮康庄：指宽阔平坦的道路。相当于说"康庄大道"。⑯遽：匆忙；急忙。朝露：

这里是说受到朝露的滋润，比喻受到良好的文学熏陶。⑰广陵之散：指《广陵散》，为三国嵇康所作琴曲。作者后被杀，临刑前索琴奏《广陵散》，曲终叹曰："《广陵散》于今绝矣。"后称人事凋零或事成绝响为广陵之散。⑱入处：收到成效的地方。相当于说"进步，长进"。⑲耿耿：形容有心事。⑳至：至于。行军：从事军务。㉑贵：重视；崇尚。㉒办：惩办。滔天之贼：罪恶极大的贼寇，是对太平起义军的诬称。㉓克捷：胜利。㉔侥幸：由于偶然的原因而得到成功或免去灾祸。㉕造孽：做坏事而在将来受报应。㉖贻万世口实：遗留下来，永远让人当作话柄。㉗行间：指行营，即临时的军营。㉘如坐针毡：形容心神不宁。㉙所差：相当于说"幸亏"。㉚须臾：极短的时间，片刻。㉛谙：熟悉。㉜尔曹：你们。曹，辈。㉝本：根本。致祥：带来吉祥。㉞声调：指声韵节奏，语调语气。㉟晏：迟；晚。㊱恕：以仁爱之心待人。㊲纂：编纂，这里当理解为"撰写"。㊳考、宝：这里分别指祭祀祖宗、善待他人。㊴僧巫：和尚、巫婆，这里指迷信。㊵地仙：看地测风水的人。㊶用度：费用。㊷奉：奉养；赡养。㊸安身：指在某地居住和生活。㊹辄：即；就。㊺遗训：临死时留下的教导、训诲。

译文

……目前，正值局势危急的时刻，我军被四面围困，接应援助全都已中断，加上这一次挫败，尤其是军心大为动摇。现在能盼望的是……战事或许稍有转机，否则就不堪设想了。

我自从军以来，就怀着临危授命的抱负。丁、戊年（此即道光二十七年、二十八年）我在家养病，常常担心就此突然死在自家窗下，以致不能了却我当初的心愿，在世人面前失信。等到康复后再被启用，信念尤其坚定，这次如果险遭不测，也毫无牵挂了。我私下认为自己出身贫寒，学识浅薄，却做到了一品高官。现在年过五十，稍有虚名，又兼掌军事大权，我对此暗暗感到万分惭愧。对于我本人来说，哪还有什么遗憾呢？唯独古文和诗，这方面虽下的功夫很是深厚，钻研得也够刻苦，却没能有所独创，开辟出一条宽广的新路子来。古文学得尤其扎实，可以做到引经据典，但虽然有所收获、有所成就，却成为了没继续深入下去的遗憾。至于写字下的功夫最少，而近几年也稍稍有些长进。但总的来说，以上三方面都仍是一无所成，这不能不耿耿于怀了。

至于从事军务本不是我的长处，用兵打仗贵在出奇制胜而我却是太平淡无奇，用兵打仗注重兵不厌诈而我却是太正直忠诚，这样又怎能对付得了这些贼寇呢？即使以前多次获胜，那也已经是侥幸了，并非出于我的期望。你们长大以后，切切不能涉足于军营，干这个难于有所建树，却易于做出不好的事，尤其容易为千秋万代留下一个话柄。我这么长的时间身在行营，每一天都如坐针毡，非常不安，幸亏没有辜负我的心愿，也没辜负我所学的东西，也未曾须臾忘却爱护百姓的意愿罢了。近来经历得更多，深深懂得领兵打仗的艰难。你们只有一心读书，不能从军，也不必做官。

我教导子弟们不要背离八个根本、三个吉祥。八个根本是：阅读古书把字句训诂当作根本，赋诗作文把声韵语气当作根本，供养亲人把讨得欢心当作根本，修身养性把少生恼怒当作根本，为人处世把不乱言谈当作根本，治理家务以不迟起床当作根本，从事军务把不扰百姓当作根本。三个吉祥是：孝顺带来吉祥，勤俭带来吉祥，仁爱带来吉祥。我父亲竹亭公教育人，则专门注重一个"孝"字。他青壮年时期孝敬长辈，到年老的时候则爱护晚辈，这都发自他最真诚的内心。所以我为他老人家编修墓志，就写这一方面。我祖父星冈公教育人，则有八个字，三个不信：八个字是考、宝、早、扫、书、蔬、鱼、猪；三个"不信"是僧巫迷信、风水地仙、医术药剂，都不相信。我们身处现今这个离乱的时代，银钱越缺乏，就越能避开灾祸；费用越节省，就越能创造幸福。你们兄弟几个奉养母亲，除了"劳"字和"俭"字以外，再也没有什么其他的为人处世的诀窍了。我在这个军事形势极其危急的关头，就将这两个字叮嘱一次，此外也没有其他什么教导了，你们可要将这禀告给几位叔父以及你的母亲，千万不要忘了。

养生之道在于戒恼怒知节啬

原文

吾于凡事皆守"尽其在我，听其在天"二语，即养生之道亦然。体强者，如富人因戒奢而益富；体弱者，如贫人因节啬而自全。节啬非独食色之性也，即读书用心，亦宜俭约，不使太过。余"八本"匾中[1]，言养生以少恼怒为本。又尝教尔胸中不宜太苦，须活泼泼地，养得一段生机，亦去恼怒之道也。

既戒恼怒，又知节啬，养生之道，已尽其在我者矣。此外寿之长短，病之有无，一概听其在天，不必多生妄想去计较他。凡多服药饵，求祷神祇，皆妄想也。吾于医药、祷祀等事，皆记星冈公之遗训，而稍加推阐，教示后辈。尔可常常与家中内外言之。

——节录自同治四年九月初一日《谕纪泽》

注释

[1]八本：曾国藩自己制定的"八本"：读古书以训诂为本、作诗文以声调为本、养亲以得欢心为本、养生以少恼怒为本、立身以不妄语为本、治家以不晏起为本、居官以不要钱为本、行军以不扰民为本。

译文

我对任何事都恪守"尽心尽力在于我，结局如何听于天"两句话，即使养生之道也是如此。身体强壮的人，就像富人因为戒除了奢侈就愈益富裕；身体虚弱的人，就像穷人因为节俭不浪费就会自我保全。节俭不单是饮食、色相方面，即使读书用心，也应当节俭省约，不使太过分。我的"八本"匾中，说到养生以减少恼怒为本。又曾经教育你心胸不应该太苦闷，要活泼泼地，调养得一段生命力，也是减少恼怒的方法。

既戒除恼怒，又懂得节俭，养生的道理，就已经完全被我们掌握。此外，寿命的长短、疾病的有无，一概听天由命，没有必要过多地产生妄想去计较。凡是过多地服用药饵，求神祈祷，都是妄想。我对医药、祷祀等事情，都牢记祖父星冈公的遗训，并稍稍加以推敲阐述，教育启示后辈。你可以常常与家里人谈一谈。

养生之道在顺其自然

原文

老年来始知圣人教孟武伯问孝一节之真切①。尔虽体弱多病，然只宜清静调养，不宜妄施攻治。庄生云②："闻在宥天下③，不闻治天下也。"东坡取此二语④，以为养生之法。尔熟于小学，试取"在宥"二字之训诂体味一番，则知庄、苏皆有顺其自然之意。养生亦然，治天下亦然。若服药而日更数方，无故而终年峻补，疾轻而妄施攻伐强求发汗，则如商君治秦⑤、荆公治宋⑥，全失自然之妙。柳子厚所谓"名为爱之，其实害之"；陆务观所谓"天下本无事，庸人自扰之"⑦，皆此义也。东坡《游罗浮山》诗云："小儿少年有奇志，中宵起坐存黄庭⑧。"下一"存"字，正合庄子"在宥"二字之意。盖苏氏兄弟父子皆讲养生，窃取黄老微旨，故称其子有奇志。以尔之聪明，岂不能窥透此旨？余教尔从眠食二端用功，看似粗浅，却得自然之妙。尔以后不轻服药，自然日就壮健矣。

——节录自同治五年二月二十五日《谕诸儿》

注释

①孟武伯问孝：见《论语·为政第二》："孟武伯问孝，子曰：父母唯其疾之忧。"意思是：孟武伯向孔子问孝顺父母要怎么样，孔子说，父母唯恐子女有疾病，做子女的应该体念父母，保重身子，不要使父母担忧。②庄生：战国思想家、文学家庄子（庄周）。③在宥：庄子所论

述的无为而治，任事物自然发展。④东坡：北宋思想家、文学家苏轼。⑤商君：战国时政治家，姓公孙名鞅。初为魏国宰相公叔痤家臣，后入秦进说秦孝公，历任左庶长、大良造。辅助秦孝公变法，因战功封商十五邑，号商君，也称商鞅。他两次变法，提出"治世不一道，便国不法古"，废井田，开阡陌，奖励耕战，使秦国富强。秦孝公死后，被贵族诬陷，车裂而死。⑥荆公：北宋政治家、文学家、思想家王安石。他积极推行新法，抑制大官僚地主和富商的特权，以期富国强兵，缓和阶级矛盾，但由于保守派固执反对，新政推行迭遭阻碍。因封为荆国公，世称荆公。⑦陆务观：南宋大诗人陆游（字务观）。⑧黄庭：道家以人之脑中、心中、脾中，或自然界之天中、地中、人中为黄庭。

❀ 译文

　　我进入老年以来才开始知道《论语》中孔子回答孟武伯请教孝顺的那一节的真切。你虽然身体虚弱多病，但只适合清静地调养，不适宜胡乱地加以强行治疗。庄子论述"在宥"说："只听说顺应天下，没听说治理天下。"苏东坡把这两句话拿来作为养生的方法。你对语言文字学很熟悉，试把"在宥"两个字的解释仔细体会一番，就知道庄子、苏东坡都有顺其自然的意思。养生是这样，治理天下也是这样。如果服药每天换好几个处方，无缘无故一年到头大吃补药，疾病并不重却胡乱采取攻逐措施，强行发汗，就像商鞅变法治理秦国、王安石变法治理北宋一样，全然失去了顺其自然的妙处。柳宗元所说的"名义上是爱它其实是害它"、陆游所说的"天下本来没有什么事情，庸人在自扰"，都是这个意思。苏东坡的《游罗浮山》诗里说："小儿小小年纪有着不平凡的志向，半夜起坐存黄庭以学习道家养生之法。"这里写下一个"存"字，正好符合庄子"在宥"二字的含义。因为苏东坡兄弟父子都讲究养生，暗取黄老的隐微旨意，所以称他的儿子有不平凡的志向。以你的聪明，怎不能领会这个意思？我教你从睡眠、饮食两方面用功，看起好像粗浅，却能获得顺其自然的好处。你以后不要轻易吃药，自然会一天比一天壮实健康。

张之洞家训

【撰主简介】

　　张之洞（公元 1837—1909 年），清直隶南皮（今属河北）人。字孝达，号香涛，号无竞居士，晚号壶公抱冰。同治年进士。历任翰林院编修、侍讲、山西巡抚，两广、湖广、两江总督，督办商务大臣、协办大学士、体仁阁大学士、军机大臣等要职。1879 年，因激烈反对崇厚与俄国签订的《里瓦基亚条约》而崭露头角。1884 年，中法战争期间，他升任两广总督，积极主战，极力筹划广东、福建等地海防，并起任冯子材等人，在广西边境击败法军。他曾积极倡办洋务活动，在筹议海防时，主张购船、筹款、练将、设船厂、造炮台、大治水师。在湖广、两江总督任上，他开办了汉阳铁厂、湖北枪炮厂；设织布、纺纱、缫丝、制麻四局；创办两湖书院；筹办芦汉铁路；购进新式后膛炮、改筑西式炮台、练江南自强军等，成为后期洋务派的重要代表。1894 年中日《马关条约》签订时，他上疏反对，提出要变通陈法，力除积弊。他也曾捐金而列名北京强学会，但又与维新派有着原则性分歧。1898 年，他撰成《劝学篇》一书，提出"旧学为体，新学为用"。1900 年，义和团运动兴起时，他力主镇压，并与两江总督刘坤一创东南互保，镇压两湖反洋教斗争和唐才常自立军起事。在清末新政期间，他多次提出各种方案，并同顽固守旧势力进行了一定的斗争，他的洋务思想也有一定的发展。如 1901 年，与刘坤一联衔会奏变法条陈。强调办学首重师范；国民生计莫要于农工商实业。由于他对教育的重视，对清末教育有过很大影响。1908 年，督办粤汉铁路。1909 年病逝。

诚努力学业并磨炼身心

原文

吾儿知悉：汝出门去国，已半月余矣。为父未尝一日忘汝。父母爱子，无微不至。其言恨不一日离汝，然必令汝出门者，盖欲汝用功上进，为后日国家干城之器①、有用之才耳。

方今国是扰攘②，外寇纷来，边境屡失，腹地亦危。振兴之道，第一即在治国。治国之道不一，而练兵实为首端。汝自幼即好弄③，在书房中，一遇先生外出，即跳掷嬉笑，无所不为。今幸科举早废，否则汝亦终以一秀才老其身④，决不能折桂探杏⑤，为金马玉堂中人物也⑥。故学校肇开，即送汝入校。当时诸前辈犹多不以为然。然余固深知汝之性情，知决非科甲中人⑦，故排万难以送汝入校。果也除体操外，绝无寸进。余少年登科，自负清流⑧。而汝若此，真令余愤愧欲死。然世事多艰，习武亦佳，因送汝东渡，入日本士官学校肄业，不与汝之性情相违。汝今既入此，应努力上进，尽得其奥⑨。勿惮劳，勿恃贵，勇猛刚毅，务必养成一军人资格。汝之前途，正亦未有限量。国家正在用武之秋⑩。汝纵患不能自立，勿患人之不己知。志之志之⑪，勿忘勿忘！

抑余义有诚汝者，汝随余在两湖，固总督大人之贵介子也⑫，无人不恭待汝。今则去国万里矣。汝平日所挟以傲人者，将不复可挟⑬。万一不幸肇祸，反足贻堂上以忧。汝此后当自视为贫民，为贱卒，苦身勤力⑭，以从事于所学。不特得学问上之益⑮，且可藉是磨炼身心。即后日得余之庇，毕业而后，得一官一职，亦可深知在下者之苦，而不致予智自雄⑯。

余五旬外之人也，服官一品⑰，名满天下，然犹兢兢也⑱。常自恐惧，不敢放恣⑲。汝随余久，当必亲炙之⑳，勿自以为贵介子弟，而漫不经心。此则非天之所望于尔也，汝其慎之。

寒暖更宜自己留意，尤戒有狭邪赌博等行为^㉑。即幸不被人知悉，亦耗费精神，抛荒学业。万一被人发觉，甚或为日本官吏拘捕，则余之面目，将何所在？汝固不足惜，而余则何如？更宜力除，至嘱、至嘱！

余身体甚佳，家中大小亦均平安。不必系念。汝尽心求学，勿妄外骛^㉒。汝苟竿头日上^㉓，余亦心广体胖矣。

——节录自《张文襄公全集》

注释

①干城：干，盾。城，城郭。喻捍卫者或御敌立功的将领。②国是：国家大计。此处同"国事"。扰攘：混乱；纷乱。③好弄：喜欢玩乐。④秀才：此处专指入县学的生员。⑤折桂：指登科。探杏：指中举。此处指中举为进士。⑥金马玉堂：指汉代金马门和玉堂殿。后以此称翰林院。⑦科甲：原指科举，此处谓由举人及进士而入仕。⑧清流：指负有时望清高的士大夫。⑨奥：奥义，奥旨，即含义、要旨。⑩用武：使用武力、用兵；施展才能。秋：在此作时机、日子讲。⑪志：铭记。⑫贵介：显贵。⑬挟：夹持；拥有。此处作依仗讲。⑭苦身：劳苦其身。勤力：勉力，努力。⑮不特：不但；不只。特，但；只。⑯予智自雄：妄自夸大。⑰一品：清代官级，文官自正一品、从一品至正九品、从九品，凡十级。一品乃最高等级。⑱兢兢：小心谨慎的样子。⑲放恣：骄横纵肆。⑳亲炙：亲承教化。㉑狭邪：即狭斜，原谓小街曲巷。后指娼妓住处。㉒外骛：心思在外。指用心不专，追求外在的东西。㉓苟：假如。竿头日上：指不断上进。

译文

我儿应知道，你离开家门、离开国门，已经半月多了，为父的不曾有一天忘记你。父母之爱子女，可以说是无微不至。他们常说，恨不得一天也不离开你们。然而，一定要你出门的原因，不外乎想让你用功读书，以求上进，日后成为国家的栋梁之材，成为一个有用之人。

当今国事纷乱，外敌纷纷而至，边境之地不断丧失，内地也在危险之中。振兴国家的办法，第一条就是要治理好国家。而治国之道多种多样，但把军队训练好，实在是首要之事。你从小就好玩乐，在书房里，一遇上老师外出，就跳跳蹦蹦，丢这掷那，嬉笑不已，什么事都干得出来。幸而今天早已废除了科举，否则，你考到老充其量也只是一个秀才而已，绝不可能中举，成为进士，高中状元探花，成为皇帝身边、翰林院里的人物。所以，学校开始创办之时，我就把你送去读书。当时，许多老前辈都对我的决定很不以为然。不过，我素来深知你的性情，知道你不属于走科举这条路之人。因此，我排除万难也要把你送进学校。果不出我所料，除体操课外，你的各科成绩毫无进步。我少年时即科场得意，以有时望的、清高的士大夫而自负于人。可你却是这样一塌糊涂，真叫我又气愤，又惭愧，在人前恨不得一死了之。但回过头来想想，现今世事多艰难，学武也会有出息的。因而送你东渡大海，让你进日本士官学校学习，这个专业不会与你的性情相抵触。现在，你既已入校，就应当努力上进，掌握军事学的全部知识。不要怕辛苦劳累，不要以显贵子弟而自恃，要勇猛、刚毅，一定要成为一名合格的军人，你的前途，正是不可限量。因为眼下正是国家不断用兵之时。虽然你担心自己不能自立，却不必顾虑别人不了解你的才干。切记！切记！勿忘！勿忘！

不过，我还要告诫你的是，你曾随我在两湖生活过，你作为总督这样显贵官员的儿子，没有人不对你表示恭敬之意。而现今，你已离开祖国有万里之遥，你平时所赖以自傲于人的条件，已不再可以依仗了。万一你不幸闯了祸，反倒会给父母亲造成忧患、麻烦。你此后应当把自己看作一介贫民，是一个低贱的士兵，劳苦其身，尽力学习，把心力放到所学的课程上。那么，你不仅会在学问上收益不少，而且，可由此磨炼自己的身心。即使今后得到我的庇护，毕业后得到一官半职，也可因此而深知社会下层人民的痛苦，不至于妄自尊大。

我已是五十多岁的人，官居一品，名满天下，但我仍旧兢兢业业，经常自觉恐惧，不敢有半点放肆。你在我身边为时不短，必当亲承教化，从我身上学到一些东西吧，万勿自以为是显贵子弟而漫不经心。这可不是上天所期望于你的！对此，你可要谨慎小心！

你还须自己照顾自己，随时留意天气冷暖，特别要防止有嫖娼、赌博行为发生。这些事，即使有幸不被别人知晓，但也将导致耗费精神，抛弃了学业。万一被别人发现，甚至于有可能被日本官吏拘捕，那我这副老面孔，将放到哪里去？你本不值得可惜，而我将怎么办呢？所以，这类行为必须尽力排除。这是我要特别叮嘱你的。

我身体很好，家里人也都平安无事，你不必挂念。你只要一心求学，切勿三心二意。假如能不断上进，出人头地，我也就心宽体胖了。

节俭是求学与为人之本分

原文

示谕吾儿知悉：来信均悉。兹再汇日本洋五百元，汝收到后，即复我一言，以免悬念。

儿自去国至今，为时不过四月，何携去千金，业皆散尽[1]，是甚可怪。

汝此去，为求学也。求学宜先刻苦，又不必交友酬应[2]。即稍事阔绰[3]，不必与寒酸子弟相等，然千金之资，亦足用一年而有余。何四月未满，即已告罄。汝果用在何处乎？为父非吝此区区[4]，汝苟在理应用者，虽每日百金，力亦足以供汝，特汝不应若是耳。求学之时，即若是其奢华无度，到学成问世，将何以继？况汝如此浪费，必非只饮食之豪、起居之阔[5]，必另有所销耗[6]。一方之所销耗，则于学业一途必有所弃。否则用功尚不逮，何有多大光阴供汝浪费。故为父于此，即可断汝决非真肯用功者，否则必不若是也。

且汝亦尝读《孟子》乎，大有为者，必先苦其心志，劳其筋骨，饿其体肤，空乏其身[7]，困心衡虑之后，而始能作[8]。吾儿恃有汝父庇荫，固不需此。然亦当稍知稼穑之艰难[9]，尽其求学之本分。非然者，即学成归国，亦必无一事能为，民情不知，世事不晓，晋帝之《何不食肉糜》[10]，其病即在此也。况汝军人也，军人应较常人吃苦尤甚，所以备僇力王家之用⑪。今尔若此，岂军人之所应为。余今而后恐无望于汝矣。

余固未尝一日履日本者也，即后日得有机会东渡，亦必不能知其民间状况。非不欲知也，身份所在，欲知之而不得。然闻人言，一学生在东者⑫，每月有三十金，即足维持。即饮食起居，稍顺适者⑬，每月亦无过五十金。今汝倍之可也，亦何至千金之赀，不及四月而消亡殆尽？是必所用者，有不尽可告人之处。用钱事小，而因之怠弃学业，损耗精力，虚糜光阴⑭，则固甚大也。

余前曾致函戒汝，须努力用功。言犹在耳，何竟忘之？虽然，成事不说⑮，来者可追。而今而后，速收尔邪心，努力求学，非遇星期，不必出校。即星期出校，亦不得擅宿在外。庶几开支可省，不必节俭而自节俭，学业不荒，不欲努力而自努力。光阴可贵，求学不易。儿究非十五六之青年，此中甘苦，应自知之。毋负老人训也。

儿近日身体如何？宜时时留意。父身体甚佳。家中大小，亦皆安康。汝勿念！

——节录自《张文襄公全集》

注释

①业：既然；已经。②酬应：酬对应答。③阔：富贵豪奢。绰：宽裕。④区区：小；少。⑤豪：此处作奢侈讲。⑥销耗：同"消耗"。⑦必先苦其心志，劳其筋骨，饿其体肤，空乏其身：出自《孟子·告子》下。苦，指磨炼。心志，思想、志气。⑧困心衡虑之后，而始能作：语出《孟子·告子》下："困于心，衡于虑，而后作。"指心意困苦，思虑阻塞。意谓尽心竭虑，经过痛苦的思虑。⑨稼穑：种谷曰稼。收获曰穑。泛指农业劳动。⑩肉糜：肉粥。《晋书·惠帝纪》："及天下荒乱，百姓饿死，帝曰：'何不食肉糜？'"⑪僇：通"戮"。僇力：尽力。⑫在东：指在日本。⑬顺适：顺从适合。此处作适应讲。⑭虚糜：白白地浪费。糜，通"靡"，作浪费讲。⑮成事不说：已成的事。《论语·八佾》："成事不说，遂事不谏，既往不咎。"

译文

　　写此信好让吾儿得知，来信都已收到。现再汇给你日本货币五百元，你收到后，立刻回我一信，以免挂念。

　　你自从出国到今天，时间只不过四个月，为什么带去的千两银子，就已经全部用完了？这件事实在令人奇怪！

　　你去日本，是为了求取学问。求学就应该先学会刻苦生活，在那边又不必交朋结友应酬。哪怕是稍微阔绰、富裕一点儿，不必像那些家境贫穷的书生一样生活，那一千多两银钱，也够你用上一年，尚且有结余。为何四个月不到，就已用得一干二净了？你到底把钱用到什么地方去了？我并非吝惜这为数不多的千两银钱，假如你钱花得在理、应该花，哪怕是每天要用百两之多，我也有力量保证供你所需，但只是你不该这样做。求学期间，就这样奢华、毫无节制，到读完书，出来做事，你又将变成什么样子呢？何况你这样浪费钱财，一定不只是吃喝方面奢侈而已，必定另有花销。在别的方面既有所消耗，那你在学业上就一定有所舍弃。否则，用功读书尚感赶不上，哪有多少时间让你浪费呵！所以，我凭这一点，就可以推断，你一定不是那种真正肯下苦功夫读书的人。否则，你一定不会是这个样子！

　　你也曾读过《孟子》吧。这位贤人说过：大有作为之人，一定要先刻苦磨炼自己的思想志向，锻炼其身体，让身体经受得住忍饥挨饿的考验，还要让他一贫如洗，无牵无挂，并在殚精竭虑、经过痛苦的思索之后，才能有

所作为。你仗恃有我的荫庇，固然不需要这样做，但也应当多少了解一下农家的艰辛，尽到自己求学的本分。你做不到这一点，哪怕是学成回国，也一定一件事也干不了。不了解民情，不了解世事，晋惠帝所说的"为什么不吃肉粥"的历史笑话，他的毛病正出在这些问题上。再说，你是一名军人。而军人就应当比平常人更能吃苦，以此而随时准备着尽全力为皇上效劳。像你现在这个样子，哪点是军人所应该做的？我从今以后恐怕是要对你失望了。

我确实不曾到过日本，即便今后得到机会，能够东渡日本，但我也一定不能够获知日本民间的状况。不是我不想知道，而是因为我的身份所在，想了解却办不到。不过，我曾听人说过，一个学生在日本生活，每月有三十两，便够他维持了。即或是食住稍方便、舒适者，每月开销也不会超过五十两。你现在每月一百两也就罢了，何至于千两巨资，不到四个月便挥霍得一干二净？一定是所开销的地方，有不可告人之处。花钱事小，因乱花钱而耽误学业、损耗精力、虚度光阴，这才是大事！

此前，我曾写信告诫于你，要你努力用功。话还在耳边，你怎么就忘了？虽然如此，过去的事就不提它了，来日方长，还有机会。从今以后，赶快收敛节制你那邪恶之心，努力求学。不是星期天，就不必离校外出。即或是星期天外出，也不许擅自在外留宿。倘如此，开销可大大减省，不待节俭就可节俭；学业不致荒废，不想努力也就努力起来了。光阴极其珍贵，求学机会难得。你毕竟不是十五六岁之青年人，这里面的甘苦，我不说你也该明白。不要辜负老父我的教诲呀！

你近来身体如何？应当随时留心。我身体很好，家中大人小孩，也都安康。你不必挂念！

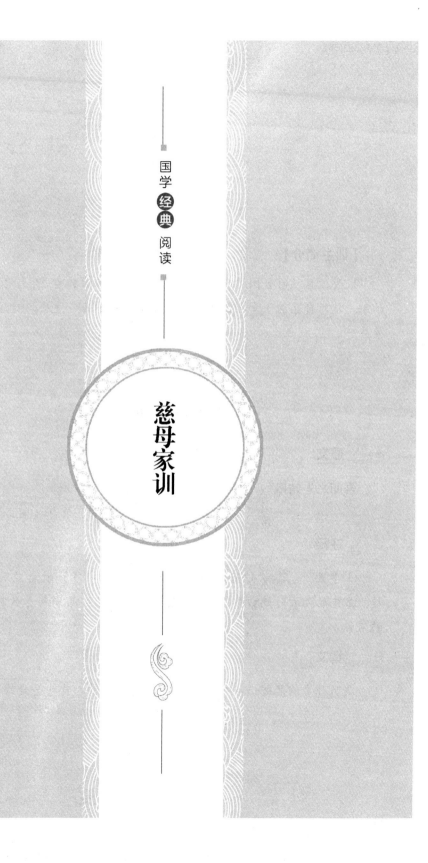

国学经典阅读

慈母家训

敬姜家训

【训主简介】

敬姜，春秋时鲁国贵族季悼子的儿子公父穆伯的妻子，公父文伯的母亲。她对自己的子女和亲属要求很严格，留下的一些家训对后世颇有教益。

答季康子问①

原文

吾闻之先姑曰②："君子能劳③，后世有继。"

——节录自《国语·鲁语》

注释

①季康子：春秋时鲁正卿。名肥，季桓子之子。敬姜是他的叔祖母。②先姑：古时媳妇尊称死去的婆婆。③君子：西周和春秋时对贵族的通称。

译文

我听死去的婆婆说："君子能做到勤劳，他的后代才会延续下去。"

论劳逸

原文

鲁其亡乎①！使僮子备官而未之闻耶②？居③，吾语女④。昔圣王之处民也⑤，择瘠土而处之，劳其民而用之，故长王天下⑥。夫民劳则思，思则善心生；逸则淫⑦，淫则忘善，忘善则恶心生。沃土之民不材⑧，逸也；瘠土之民莫不向义，劳也。是故天子大采朝日⑨，与三公、九卿祖识地德⑩。日中考政⑪，与百官之政事，师尹⑫、惟旅⑬、牧⑭、相宣序民事⑮；少采夕月⑯，与大史⑰、司载纠虔天刑⑱；日入监九御⑲，使洁奉禘⑳、郊之粢盛㉑，而后即安。诸侯朝修天子之业命㉒，昼考其国职，夕省其典刑㉓，夜儆百工，使无慆淫㉔，而后即安。卿大夫朝考其职，昼讲其庶政㉕，夕序其业㉖，夜庀其家事㉗，而后即安。士朝受业，昼而讲贯㉘，夕而习复，夜而计过无憾㉙，而后即安。自庶人以下㉚，明而动；晦而休㉛，无日以怠。

王后亲织玄紞㉜，公侯之夫人加之以纮㉝、綖㉞，卿之内子为大带㉟，命妇成祭服㊱，列士之妻加之以朝服，自庶士以下，皆衣其夫㊲。社而赋事㊳，蒸而献功㊴，男女效绩㊵，愆则有辟㊶，古之制也。君子劳心㊷，小人劳力㊸，先王之训也。自上以下，谁敢淫心舍力？今我寡也，尔又在下位㊹，朝夕处事㊺，犹恐忘先人之业；况有怠惰，其何以避辟！吾冀而朝夕修我㊻，曰："必无废先人。"尔今曰："胡不自安㊼？"以是承君之官㊽，余惧穆伯之绝嗣也㊾。

——节录自《国语·鲁语》

注释

①其：语气词，表示不肯定的推测语气。恐怕、大概之义。②僮子：未成年的男子。备官：做官。闻：闻道。③居：坐下。④女：通"汝"，你。⑤处民：治理百姓。⑥王：统治。⑦淫：放荡。⑧材：名词

用作动词,成材。⑨大采:五彩衣服。朝日:祭日。⑩祖:熟习。识:知。地德:大地生育万物的恩德。⑪日中:中午。⑫师尹:大夫官。⑬旅:众士。⑭牧:州牧。⑮相:国相。宣:遍。序:按次序排列。⑯少采:三彩衣服。夕月:祭月。⑰大史:即太史。官名。西周、春秋时掌管起草文书、策命诸侯卿大夫、记载史事、编写史书,兼掌国家典籍、天文历法、祭祀等,为朝廷大臣。⑱司载:掌管天文的官。纠虔:察举罪行而惧行法令。刑:上天的法则。⑲九御:九嫔之官,掌粢盛、祭服。⑳禘:古代祭名。㉑郊:祭天。粢盛:盛在祭器内以供祭祀的谷物。㉒朝:早晨。业命:事务和政令。㉓省:检查。典刑:常法。㉔惰淫:怠惰纵乐。㉕讲:谋划。庶政:各种政事。㉖序:整理。㉗厎:治理。㉘讲贯:讲习。㉙憾:恨。㉚庶人:平民百姓。㉛晦:日暮;夜。㉜玄:黑色。纮:古代冠冕上用以系填的带子。㉝纮:古代冠冕上的纽带,由颔下挽上而系在笄的两端。㉞綖:古代冕上的装饰。㉟内子:古代称卿大夫的嫡妻。㊱命妇:古代妇女有封号者之称。这里指大夫之妻。㊲衣:做衣。㊳社:祭土地神。赋事:祷告农事。㊴蒸:祭祀名。时间在冬天。㊵效绩:效力。㊶愆:过失。辟:法;刑。㊷君子:统治者。㊸小人:被统治者。㊹下位:大夫。㊺处事:处理事务。㊻冀:希望。而:你。㊼胡:此处作疑问词用。为什么;何故。㊽承:担承。㊾嗣:继承。

🌀 译文

鲁国恐怕要灭亡了吧!为什么让你这种未成年的男子做官却没让你学习过道义呢?坐下来,我告诉你。古时圣贤君王治理百姓,选择那些贫瘠的土地,要他们住在那里,使用他们并让他们感到劳苦,所以能够长久地统治天下。人民劳累,就会去思考,经常思考就会产生善心;无所事事就会放荡,放荡就会

忘掉善心，忘掉善心，恶念也就随之而生。居住在肥沃土地上的人大多不成材，就是因为无所事事；贫瘠地区的人没有谁不向往道义的，就是由于太劳苦。因此天子在春分这一天早晨要穿着五彩衣服去祭日，并和三公、九卿一起熟悉认知大地生育万物的恩德。中午要考察政治和百官的政事，大夫官、众士、州牧、国相，都要把所有的民事按次序排列好。到了秋分这一天，天子就要穿上三彩衣服去祭月，并与太史和掌管天文的司载察举罪行，慎行上天的法则。到了晚上，要监督九御把大祭和祭天的祭品弄洁净，然后才可以安歇。诸侯早上要研究天子的命令和应办事务，白天要坚守他所担负的国家职位，傍晚要检查国家的常法，夜里警诫百官，使他们不怠惰纵乐，然后才可以安歇。卿大夫早上要研究他的职责，白天要谋划各种政事，傍晚整理一天来所做的工作，夜里料理他的家事，然后才可以休息。士子早晨从师学习，白天讲习，傍晚复习，夜里反思有无过失，觉得没有什么值得悔恨了，然后才去休息。平民百姓们，天亮就起来劳作，直到夜里才能休息，没有一天敢懈怠。

王后要亲自编织用来系瑱的黑丝带，公侯夫人要加做系帽的纽带和帽上的装饰，卿的妻子要做大带，大夫的妻子要做祭服，列士的妻子要加做朝服。庶士以下的妻子，都要给丈夫做衣服。春天祭土地神的时候，向神灵祷告农事开始，冬天祭祀时向神灵禀告农事成功。男女效力，有了过失就要受到责罚，这是古代的制度。统治者从事脑力劳动，被统治者从事体力劳动，这是先王的遗训。从上到下，谁敢心思放荡而不劳动？如今我是个寡妇，你又处在大夫的职位，就是早晚勤奋做事，还怕忘了先人的事业，更何况有了怠惰之心，又凭什么逃避责罚呢？我希望你早晚都要勉励自己说："一定不要废弃了先人的事业。"你现在却说："为什么不能自求安逸？"你用这种想法来担任国君的官职，我深怕穆伯将要无后了。

子发母家训

【训主简介】

子发母，战国时楚人。

训子语

原文

子不闻越王勾践之伐吴耶①？客有献醇酒一器者②，王使人注江之上流③，味不及加美，而士卒战自五也④。异日有献一囊糒糒者⑤，王又以赐军士，分而食之，甘不逾嗌⑥，而战自十也⑦。今子为将，士卒并分菽粒而食之⑧，子独朝夕刍豢黍粱⑨，何也？《诗》不云乎："好乐无荒⑩，良士休休⑪。"言不失和也。夫何人入于死地，而自康乐于其上？虽有以得胜，非其术也。子非吾子也，无入吾门！

——节录自《列女传》

注释

①子：古代对男子的通称。勾践：春秋末年越国国君。曾被吴打败，屈服求和。他卧薪尝胆，刻苦图强，任用范蠡、文种等人整理国政，十年生聚，十年教训，终于转弱为强，灭亡吴国。②醇：指酒质醇厚。③注：灌入。这里意为"倒"。江：长江。④五：五倍。⑤囊：口袋。糒：干粮。⑥嗌：咽喉。⑦十：十倍。⑧菽：豆。⑨刍豢：家畜。黍：黄米。古人视黍为细粮，常用以待客。《论语·微子》："止子路宿，

杀鸡为黍而食之。"⑩荒：迷乱；行为放纵没有节制。⑪休休：安闲自得，乐而有节制。

译文

你没有听说过越王勾践讨伐吴国的事情吗？一次，有人献了一坛酒质醇厚的美酒给他，他命人把酒倒在长江的上游，让士卒饮下游的水，江水的味道并没有变好，但是士卒的战斗力却提高了五倍。另一次，有人献了一袋干粮，他又把干粮赏赐给士兵，让他们分着吃，虽然食物香甜的味道不过只润润咽喉，但是战斗力却提高了十倍。如今你身为将领，让士兵分着吃豆粒，你却一个人顿顿吃肉和细粮，这是为什么？《诗经》上不是说："喜欢作乐，但不要放纵，应该有节制，良士才能安逸娴静。"这里说的是不要失去祥和之气。为什么你让士兵去到随时都有性命危险的战场，自己却远离他们享受安乐生活呢？这样即使侥幸打了胜仗，也不是因为有什么正确的战略战术。你不是我的儿子，不要进我的家门。

王孙贾母家训

【训主简介】

王孙贾本是春秋卫国的大夫，曾仕于齐。在齐期间，适值楚人淖齿在齐为相并发动叛乱，齐王出逃，王孙贾同齐王失去联系，找不到齐王的去向，因而受到母亲的责难，并严厉敦促他讨贼立功。王孙贾没有辜负母亲的期望，于是"入市中，呼市人，诛淖齿而归"。

王母深明大义，她的这篇责难儿子的训诫，是一篇很好的文字，言简意赅，发人深省。今特加以整理介绍，使读者从中受到启迪和教益。

理应讨贼立功

原文

汝朝出而晚来①，则吾倚门而望②；汝暮出而不还，则吾倚闾而望③。汝今事王④，王出走，汝不知其处⑤，汝尚何归？……

——节录自《战国策·齐策》

注释

①汝：你。②倚门而望：言盼望子女归来的殷切心情。③倚闾而望：意同上。闾，里巷的大门。④事王：侍奉君王。⑤处：去向。

译文

你早晨出去晚上回来，我这个做母亲的则倚门而望；你晚上出去不回来，我这个做母亲的则倚闾而望。你今侍奉齐王，齐王出走，你却不知道齐王的去向，你还回来干什么？……

田稷母家训

【训主简介】

　　田稷，战国时期齐国人，相宣王，有政绩。田稷之母既贤且义，不仅在田稷少时多循循善诱，而且在田稷做了大官以后仍然屡屡"干预"田稷的举动。正是因为田母的"善诱"和"干预"，才使得田稷成了齐国的贤相。

"不义之财，非吾财也"①

原文

　　吾闻士修身洁己②，不为苟得③。竭情尽实④，不为诈行⑤。非义之念，不萌于心。非礼之利，不入于家。故言行若一，而情貌相副⑥。今君设官以待子⑦，厚禄以养子，而子若是，去忠远矣。不义之财，非吾财也。不忠之子，非吾子也。

　　　　　　　　　　——节录自《女学》卷四第三十章

注释

　　①"不义之财，非吾财也"：战国时，齐相田稷受下吏之金一百镒（镒，古代重量单位），交给了母亲。母亲问："此金何来？"田稷以实告。母亲深感问题严重，对儿子进行了批评教育，指出："不义之财，非吾财也。"田稷羞愧而出，还其金。齐王闻之，大赏其母之义。②修身：修养身心。洁己：犹言自正其身。③苟得：苟且求得；不当得而

得。④竭情尽实：内心正大光明，坦荡无欺。⑤诈行：欺骗行为。⑥副：相称；符合。⑦子：古代对男子的美称或通称。作"你"解。

 **译文**

我听说读书人修养身心、自正其身，不做苟且求得之事。内心正大光明，坦荡无欺，不搞欺骗之事。不义的念头，不萌发于心；不符合礼仪的财利，不进自己的家。所以言行一致，情貌完全相符合。如今君王设官定职待你，给予丰厚俸禄供养你，而你如果是这样做（指受下吏之金一百镒），距离尽忠就远了。用不合乎道德的方法得到的财物，不是我的财物；不知忠君的子弟，不是我的儿子。

孟母家训

【训主简介】

孟母，战国时期大思想家孟轲的母亲仉氏。孟母教子，有两个脍炙人口的故事：一是"三迁"。相传孟轲幼年时，邻里环境不利于孟轲学习，孟母便三次迁居，使儿子得到比较好的学习环境。二是"断织"。相传孟轲少时废学回家，孟母正在织布，于是引刀断其机织进行引导。孟轲因此勤奋自学，师事子思，遂成大儒。在封建社会中，孟母被推崇为贤母的典范。

荒废学业犹如割断机织

原文

子之废学^①。若吾断斯织也^②。夫君子学以立名^③，问则广智^④，是以居则安宁^⑤，动则远害^⑥。今而废之，是不免于厮役^⑦，而无以离于祸患也。

——节录自《女学》卷三第九十四章

注释

①子：你。②斯：此；这。③君子：具有高尚道德品质的人。立名：树立名声，获得功名地位。④问则广智：勤问就能增长智慧。⑤居则安宁：隐居则求得安定宁静。⑥动则远害：出仕做官则求得远避祸害。⑦厮役：干粗杂活的奴隶。后来泛指为人驱使的奴隶。

译文

你中途荒废学业，就像我割断这个机织一样呀。大凡君子求学是为了树立名声，获得功名和地位，勤问才能增长自己的才干和智慧，于是他们隐居就想求得安定宁静，出仕做官就想求得避开祸患。现在你中途放弃学业，这样免不了要做一个受人驱使的奴隶，而无法远离祸害了。

王陵母家训

【训主简介】

王陵母，西汉沛县（今属江苏）人。楚汉战争时，王陵为汉臣，项羽劫持她来招降王陵。她对汉使说了几句勉励王陵的话，然后伏剑而死。

母以老妾故持二心

原文

愿为老妾语陵①，善事汉王②。汉王长者③，毋以老妾故持二心④。妾以死送使者。

——节录自《汉书·王陵传》

注释

①妾：旧时妇女自称的谦辞。语：告诉。②善：好好地。事：侍奉；服侍。汉王：汉高祖刘邦。③长者：谨厚的人。④以：因为。

译文

希望你替我转告王陵，要他好好地侍奉汉王。汉王是一位谨慎厚道的人，不要因为我的缘故而对他怀有二心。我用死来送别你（汉王的使者）。

严延年母家训

【训主简介】

严延年母，西汉东海下邳（今江苏邳州南）人。严延年任河南太守时，因摧折豪强，诛杀甚多，被称为"屠伯"。延年母不满他这种过于严酷的刑法，便对他说了一番严厉而语重心长的话，以进行教育。

不要凭借刑法以立威

原文

幸得备郡守①，专治千里，不闻仁爱教化，有以全安愚民②，顾乘刑法多刑杀人③，欲以立威，岂为民父母意哉！

天道神明④，人不可独杀⑤。我不意当老见壮子被刑戮也⑥！行矣！去女东归⑦，扫除墓地耳。

——节录自《汉书·严延年传》

注释

①郡守：官名。战国时开始设置，初为武职，防守边郡。后逐渐成为地方行政长官。秦统一全国后，以郡为最高地方行政区划，每郡置守，掌治其郡。汉景帝时改称太守。②愚民：封建统治阶级认为人民愚昧，故称。③顾：反而；却。乘：趁；因。④天道：中国哲学术语。包含有天文学知识和关于上帝、天命等迷信观念两方面内容。这里指后一方面的内容。神明：谓无所不知，如神之明。⑤人不可独杀：意谓多杀人者，自己也当死。⑥意：料到。⑦去：离开。女：同"汝"，即你。

译文

你有幸能够做郡守，一人单独治理范围千里的地域，没有听说你用仁爱来教化百姓，你也没有用来保全、安定人民的好措施，反而凭借刑法滥杀，想靠这来树立自己的威严，难道这是为民父母的本意吗？

天道无所不知，料事如神，多杀人的人，自己也一定会死。我不愿意看到自己年老时，年壮的儿子会被杀掉。走了吧！我要离开你回到东海去，天天打扫祖先的墓地。

张汤母家训

【训主简介】

张汤母，西汉杜陵（今陕西西安东南）人。其子张汤曾扶助汉武帝改革经济，用以限制打击富商大贾势力，并与赵禹共同编定律令，后遭奸臣陷害致死。

诫汤昆弟诸子

原文

汤为天子大臣①，被恶意而死②，何厚葬为！

——节录自《汉书·张汤传》

注释

①汤：张汤。汉武帝时，历任廷尉、御史大夫等职。②被：遭受。

译文

张汤作为天子的大臣，遭受恶言诬告被害死了，我们为何要厚葬他呢？

范滂母家训

【训主简介】

范滂母，东汉汝南征羌（今河南郾城东南）人，深明大义。子范滂因反对宦官，被逮。她知滂去而不复返，但却不悲伤，反而勉励儿子从容就义。

勉　子

原文

汝今得与李①、杜齐名②，死亦何恨③！既有令名④，复求寿考⑤，可兼得乎？

——节录自《后汉书·范滂传》

注释

①李：李膺，东汉人，与陈蕃等谋诛宦官失败，死于狱中。②杜：杜密，东汉人，与李膺并称"李杜"，灵帝时，因党锢事自杀。③恨：遗憾。④既：已经。令名：美名。⑤寿考：高寿。

译文

你如今能和李膺、杜密齐名，死了又有什么遗憾！已经有了美名，再想求得高寿，可以同时得到吗？

赵苞母家训

【训主简介】

赵苞母，东汉甘陵东武城（今山东武城西）人。子苞为辽西太守时，遣使迎母及妻子。苞母及其妻子赴辽西途中，被入寇辽西鲜卑贵族劫为人质，载着她俩继续进攻。赵苞仍坚持抗击，赵母亦遥勉苞以忠义，遂与儿媳一同被害。

应以忠义二字自勉

原文

威豪①，人各有命，何得相顾，以亏忠义！昔王陵母对汉使伏剑②，以因其志，尔其勉之。

————节录自《后汉书·赵苞传》

注释

①威豪：赵苞字。②王陵母：见《王陵母家训·训主简介》。

译文

威豪，人各有命，怎么能做到互相兼顾，而亏损了忠义！从前王陵的母亲当着汉使的面伏剑自杀，来成全他的志向，你应当以此来勉励自己。

太史慈母家训

【训主简介】

太史慈母，东汉末东莱黄（今属山东龙口）人。其子太史慈，东汉末孙策属将，任中郎将，助孙策安定江南。

汝宜赴孔北海①

原文

汝与孔北海未尝相见②，至汝行后，赡恤殷勤，过于故旧③。今为贼所围④，汝宜赴之。我喜汝有以报孔北海也。

——节录自《三国志·吴书·太史慈传》

注释

①孔北海：孔融，汉末文学家。曾任北海相，时称孔北海。②尝：曾经。③故旧：旧交；旧友。④贼：汉末对黄巾军的蔑称。

译文

你和孔北海不曾相见过，到你走了以后，他赡养、周济我非常殷勤，超过了旧交老友。如今他被黄巾军围住，你应当奔赴他那里去解救。我高兴你有了报答孔北海的机会了。

羊琇母家训

【训主简介】

羊琇母，辛姓，字宪英，羊耽的妻子，三国魏陇西（今甘肃陇西南）人，魏侍中辛毗之女。聪慧明朗，有才识，颇具辨别是非善恶的能力。

治军旅之事唯用仁恕为重

原文

古之君子[1]，入则致孝于亲[2]，出则致节于国[3]，在职思其所司[4]，在义思其所立，不遗父母忧患而已。军旅之间可以济者[5]，其唯仁恕乎[6]！

——节录自《晋书·列女传》

注释

①君子：有高尚道德品质的人。②致：给予。③节：气节；节操。④司：掌管。⑤军旅：有关军队及作战的事。济：成功。⑥仁恕：以仁爱宽恕之心待人。

译文

古时那些有高尚道德品质的人，在家就对双亲尽孝道，出仕就对国家尽节操，在职时考虑的是应尽的职责，在道义上考虑的是应当树立的行为，不把忧患留给父母。要把军营中的事情处理得好，大概只有用仁爱宽恕之心待人才是最重要的！

皇甫谧母家训

【训主简介】

皇甫谧母，魏晋间安定朝那（今甘肃平凉西北）人。其子皇甫谧二十岁时依然游手好闲，不思学业。她便利用《孝经》上的话和孟母三迁、曾参烹猪等故事来教育儿子。皇甫谧深受教育，终于悔过而好学，而后终成著名医学家。

修身笃行自汝得之

原文

《孝经》云①："三牲之养②，犹为不孝。"汝今年馀二十，日不存教③，心不入道，无以慰我……昔孟母三迁以成仁，曾父烹猪以存教④，岂我居不卜邻，教有所阙⑤？何汝鲁钝之甚也⑥？修身笃行自汝得之⑦，于我何有？

——节录自《女学》卷三第九十五章

注释

①《孝经》：宣扬封建孝道和孝治思想的儒家经典。②三牲：指猪、牛、羊等祭祀时用的供品。③日不存教：每天不留意教养。④曾父烹猪以存教：曾参的妻子带儿子去集市，儿子大哭大闹，母亲随口说，只要你不再哭闹，回家后给你杀猪吃。回到家后，曾参的妻子并没兑现诺言。曾参知道这件事后，为了培养儿子诚实的态度，最后还是宰了一头

猪，履行了诺言。⑤教有所阙：我对你的教育有什么缺陷。阙，同"缺"。⑥鲁钝：愚笨。⑦修身笃行：修养身心，行为敦厚。

译文

《孝经》里说："用猪、牛、羊来赡养父母，尚且视为不孝。"现在你已经二十多岁了，每天不留意教养，心性也没走上正道，没有什么可以用来安慰我的……从前孟子的母亲三次搬家是为了选择环境，终于使孟子成为一个有道德、有学问的人；曾参履行诺言宰杀一头猪，是为了对儿子进行诚实守信的教育。难道是我不选择邻居或者说我对你的教育有什么缺陷吗？你为什么愚笨到这个地步呢？修养身心、行为敦厚对你自己有好处，对我又有什么用呢？

虞潭母家训

【训主简介】

虞潭母，孙姓，晋吴郡富春（今浙江富阳）人，孙权族孙女。丈夫虞忠（仕至宜都太守）死后，她虽还年轻，但抚养遗孤，劬劳备至。才识超过人，常教育子女要做到忠义双全。

诫子潭

原文

吾闻忠臣出孝子之门，汝当舍生取义^①，勿以吾老为累也。
王府君遣儿征^②，汝何为独下？

——节录自《正书·列女传》

注释

①舍生取义：语出《孟子·告子上》："生，亦我所欲也；义，亦我所欲也。二者不可得兼，舍生而取义者也。"谓生命和道义不能并存，便牺牲生命而不放弃道义。后泛指为了维护正义，不惜牺牲生命。②王府君：王舒，时任会稽内史。

译文

我听说忠臣出在孝子的家庭，你应当牺牲生命而不放弃道义，不要因为我年老而成为你的牵累。

王府君派他的儿子从军征苏峻，为什么唯独你不这样做呢？

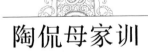

陶侃母家训

【训主简介】

陶侃母，湛姓，东晋豫章新淦（今江西中部）人。夫陶丹早年亡故，陶家贫贱，她常靠纺织来供给陶侃资金，使他结交胜过自己的人。后来陶侃终于以功名显扬。

责 侃

尔为吏，以官物遗我①，非唯不能益吾②，乃以增吾忧也。

——节录自《正书·列女传》

①遗：赠予。②吾：我。

你作为官吏，用公家的东西送我，不但对我没有好处，反而因此增加了我的忧虑。

钟士雄母家训

【训主简介】

钟士雄母，蒋姓，南朝陈临贺（今广西壮族自治区贺县）人。

训 子

汝若背德忘义①，我当自杀于汝前。

——节录自《北史·列女传》

注释

①若：如果；假如。

译文

你如果背德忘义，我一定在你面前自杀。

郑善果母家训

【训主简介】

郑善果母，崔姓，北周清河（今河北清河）人。崔氏性贤明，有节操。常于阁内听善果理事，当理则悦，不当则责愧之。善果历任鲁郡太守、民部尚书、刺史等官职。

诫 子

原文

吾非怒汝，乃愧汝家耳。吾为汝家妇，获奉洒扫①，知汝先君②，忠勤之士也。守官清恪③，未尝问私，以身殉国，继之以死。吾亦望汝副其此心④。汝既年小而孤，吾寡妇耳，有慈无威，使汝不知礼训，何可负荷忠臣之业乎？汝自童子袭茅土⑤，汝今位至方岳⑥，岂汝身致之邪？安不思此事而妄加嗔怒⑦，心缘骄乐⑧，堕于公政，内则坠尔家风，或失亡公爵，外则亏天下法以取罪戾⑨，吾死日何面目见汝先人于地下乎？

——节录自《北史·列女传》

注释

①洒扫：清除污秽。引申为管理家务。②先君：旧时称去世的父亲。③清：廉洁。恪：谨慎；恭敬。④副：符合；相称。⑤袭：继承。茅土：古代皇帝社祭的坛用五色土建成：东方青，南方赤，西方白，北方黑，中央黄。分封诸侯时，把一种颜色的泥土用茅草包好，授给受封的人，作为分得土地的象征。⑥方岳：地方长官，如太守、刺史等。郑善果十四岁时，授沂州刺史，转景州刺史，不久为鲁郡太守，因此其母称他为"方岳"。⑦嗔：怒。⑧缘：因为；为了。⑨戾：罪。

译文

我不是生你的气，而是感到愧对你们郑家罢了。我作为你郑家的人，获得管理你家内务的权力，我了解你去世的父亲，是一位忠诚勤勉的人。他为官廉洁谨慎，不曾有过私心，以身殉国，继之以死。我也希望你符合这种心志。你在年幼时就成了孤儿，我只是一个寡妇罢了，只有慈爱却没有威严，使你不知道礼训，怎么可以担负忠臣留下的事业呢？你年幼时就承袭了你父亲分封的土地，如今官位做到刺史和太守，难道这是你自身的功劳所能达到的吗？你不想想这事，却常常随便发怒，一心只知骄横、纵乐，置国事和公事于不顾。对内败坏了你们家的家风，甚或失去公爵爵位，对外做官则损害了天下的法则而自取罪戾，我死了以后又有什么面目在地下去见你的父亲呢？

李士业母家训

【训主简介】

李士业母，十六国西凉武昭王李玄盛后，尹姓，天水冀（今甘肃甘谷）人。

诫子深慎兵战

原文

汝新造之国，地狭人稀，靖以守之①，犹惧其失，如何轻举，窥冀非望②？蒙逊骁武③，善用兵，汝非其敌。吾观其数年已来，有并兼之志④，且天时人事⑤，似欲归之。今国虽小，足以为政。知足不辱，道家明诫也⑥。且先王临薨⑦，遗令殷勤⑧，志令汝曹深慎兵战，俟时而动⑨。言犹在耳，奈何忘之？不如勉修德政，蓄力以观之。彼若淫暴⑩，人将归汝。汝苟德之不建⑪，事之无日矣。汝此行也，非唯师败⑫，国亦将亡。

——节录自《晋书·列女传》

注释

①靖：安定。②窥冀：暗中希求。非望：出于希望之外。③蒙逊：沮渠蒙逊，十六国时期北凉的建立者。骁武：勇猛。④并兼：并吞。⑤天时：天命；时运。人事：人情事理。⑥道家：以先秦老子、庄子关于"道"的学说为中心的学术派别。⑦薨：死。⑧遗令：死者生前预留给后人的嘱咐。殷勤：情意恳切深厚。⑨俟：等待。⑩淫暴：异常残暴。⑪苟：如果；假如。⑫师：军队。

译文

你的国家是个刚刚建立的国家，土地狭小，人口稀少，保持安定来守住它，还恐怕它会失去，为什么要轻举妄动，暗中希求出于希望之外的东西呢？沮渠蒙逊勇猛矫健，善于用兵作战，你不是他的对手。我观察他这几年以来，有吞并他国的志向，况且天时人事，好像都归向他。如今你的国家虽然狭小，但足够你治理政事了。知道满足，就不会有什么耻辱，这是道家明智的警诫。况且你的父亲临死前，情意恳切地嘱咐你千万不要轻易用兵作战，一定要等待时机，然后再采取行动。他的话好像还在耳边，你为什么就忘掉了呢？不如勉力整治德政，积蓄力量，观察沮渠蒙逊的情况。他如果放纵暴虐，人民将归附于你。你如果不能建立德政，你的事业就没有几天了。你这次一去，不只是军队溃败，国家也将灭亡。

唐长孙皇后家训

【训主简介】

长孙皇后（公元601—636年），系隋朝骁卫将军长孙晟之女，唐太宗之妻，是历史上的贤德皇后之一。她好读书，言行必循礼则，深得唐太宗的器重。唐前期著名的"贞观之治"的出现，她起了重要的辅助作用。撰有《女则》十卷。终年三十六岁，谥"文德"。

不要为所不当为①

原文

死生有命②，非智力所能移③。赦者国之大事④，不可数下⑤。道释异端之教⑥，蠹国病民⑦，皆上素所不为⑧。奈何以吾一妇人⑨，使上为所不当为乎？

——节录自《女学》卷三第一一三章

注释

①不要为所不当为：长孙皇后有疾，太子请奏赦免罪人，度人入道，以保平安。长孙皇后不同意，在给太子讲述了下面这番道理以后，

告诫太子不要让皇上为所不当为。②死
生有命：古人谓死生为命中注定。③移：
改变。④赦者：指太子请奏赦免罪人一
事。⑤数：屡次；多次。⑥道释：道，
指道教；释，指佛教。异端：不合正统。
⑦蠹：败坏；蛀蚀；损害。病：害；苦；
困。⑧上：指当时的皇上，即唐太宗李
世民。素：平素；往常；平时。⑨奈何：
如何；为何。

译文

人的生死由命中注定，不是人的智力能够改变的。赦免罪人一事乃
国家的大事，赦令不可屡次下达。道教和佛教是不合正统之教，蛀蚀国
家、病害黎民，都是当今皇上向来不愿做的。为何要因为我一个妇人，
而让当今皇上去干不应当干的事呢？

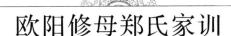

欧阳修母郑氏家训

【训主简介】

郑氏，欧阳观的妻子。宋真宗咸平三年（公元 1000 年）欧阳观考
中进士，做过州府主管刑狱的推官，五十九岁去世，当时欧阳修年仅
四岁。

欧阳修还有一兄一姐，生活全靠母亲郑氏一手维持。欧阳观在世时
为官清正廉洁，无半点积蓄，所以他死后，全家人饭不饱肚，衣不蔽
体。由于家贫，欧阳修读书买不起纸笔，郑氏便以芦荻秆为笔，以大地

当纸，教儿子读书写字。欧阳修毕生在各个方面取得的巨大成就，都与他母亲郑氏的谆谆教诲分不开。

郑氏用欧阳观生前的言行教育儿子，培养儿子，勉励儿子。这是一篇发人深省的好家训。今特加以诠释和整理，以飨读者。

继承你父清廉自守的素志

原文

汝父为吏，廉而好施与①，喜宾客。其俸禄虽薄，常不使有余，曰："毋以是为我累②。"故其亡也，无一瓦之覆③，一垄之植④，以庇而为生⑤。吾何恃而能自守耶⑥？吾于汝父，知其一二，以有待于汝也。

汝父为吏，尝夜烛治官书⑦，屡废而叹⑧。吾问之，则曰："此死狱也，我求其生不得尔⑨！"吾曰："生可求乎？"曰："求其生而不得，则死者与我皆无恨也；矧求而有得耶⑩？以其有得，则知不求而死者有恨也。夫常求其生，犹失之死；而世常求其死也。"回顾乳者⑪，抱汝而立于旁，因指而叹曰："术者谓我岁行在戌将死⑫。使其言然，吾不及见儿之立也，后当以我语告之。"其平居教他子弟⑬，常用此语，吾耳熟焉⑭，故能详也。其施于外事，吾不能知；其居于家，无所矜饰⑮，而所为如此。是真发于中者耶⑯？呜呼！其心厚于仁者耶！此吾知汝父之必将有后也，汝其勉之。夫养不必丰，要于孝⑰；利虽不得博于物，要其心之厚于仁。吾不能教汝，此汝父之志也。

——节录自欧阳修《泷冈阡表》

注释

①施与：帮助别人。②毋：不要；切莫。③无一瓦之覆：没有留下一间盖瓦的房。④一垄之植：一块田地。⑤以庇而为生：可以靠着它维持生活。⑥恃：依靠；凭借。⑦治官书：批阅案卷。⑧屡废：屡屡停下来；多次停下来。⑨尔：如此；这样。⑩矧：况；亦。⑪乳者：奶妈。

⑫术者：算命先生。谓我岁行在戌将死：说我岁星行经戌年的时候就要死去。⑬平居：平时。⑭耳熟：听得多。⑮无所矜饰：没有虚假做作的地方。⑯发于中者：发自内心深处。⑰要于孝：重要的是孝顺。

译文

你父亲身为朝廷官吏，清廉而又喜欢帮助别人，又好宾客。他的俸禄虽少，但他平时并不去千方百计积聚钱财。他说："不要因积财损害我清廉自守的素志。"所以他死的时候，没有留下一间盖瓦的房屋和一块可以耕种的田地，让我们可以靠着它们来维持生活。我靠着什么来守节呢？我对于你父亲，有所了解，因此对你有所期待。

你父亲身为朝廷官吏，常常夜间点烛批阅案卷，我曾见他多次停下来叹息。我问他，他就说："这是个死刑案件，我想给他一条生路却做不到啊！"我说："生路可求吗？"他又说："想给他一条生路却不可能，死者和我都没什么可怨恨的了。更何况有时还真能使罪犯得到一条生路呢？因为能得到生路，就知道如果轻率处死一个人，死者是有怨恨的。我常常为死因求生路，还是难免有失误被处死的，何况有的人却总是想方设法把人处死呢！"他回头见奶妈抱着你站在旁边，于是指着你叹息说："算命先生说我岁星行经戌年的时候，就要死去，如果真是如此，我将看不到儿子成人自立了，以后要把我的话告诉他。"他平时教育其他后辈，也常用这些话，我听得多了，所以能了解得详细。他处理外面的事，我并不知道；他平时居家，没有一点儿虚假做作的地方，所作所为就是这样。这些话是真正发自内心深处的。唉！他有着一颗深厚的仁爱之心。这就是我知道他必定能有好的后代的原因，希望你以这些来勉励自己。奉养长辈不一定要衣食丰厚，重要的是要孝顺；对于别人有利的事，虽然不能遍及到每一个人，但重要的是有一颗敦厚仁爱的心。我没有什么可教你的，上面这些都是你父亲的意愿和对你的期望。

苏轼母程氏家训

【训主简介】

苏轼母程氏，北宋著名文学家苏洵之妻。苏洵去世时，其子苏轼、苏辙虽已成人，且已满腹经纶，但是两个儿子从读书到做人，母亲程氏仍然要求十分严格。一次，苏轼曾夜读《范滂传》，有所感慨而跪请其母曰："儿愿为滂，母亲许我乎？"母大喜许之。其后苏轼和苏辙不仅成为著名文学家，而且皆为忠直且敢于谏诤之士，这与母亲的殷殷教诲有着密切的关系。

勉励儿子效法古贤

原文

汝能为滂①，吾不能为滂母乎②？

——节录自《女学》卷四第三十六章

注释

①滂：即东汉范滂。为官清廉，对贪污之吏皆绳之以法，因而得罪宦官，被攻击为"党人"。灵帝建宁二年（公元169年），大杀党人，下诏急捕滂等，滂自诣狱，与母诀，母曰："你做得很对，死亦何恨！"死时只三十三岁。②滂母：范滂之母。范滂为官清正，为人疾恶如仇；范母亦深明大义。

译文

你能做古代的范滂，难道我就不能做范滂的母亲吗？

嵇璜母杨氏家训

【训主简介】

杨氏世居江苏常州（今苏州），其夫嵇曾筠系康熙年间进士，历任山西学政、兵部左侍郎、河南山东河道总督、文华殿大学士、浙江总督等职。嵇曾筠去世之时，杨氏年仅二十七岁，其子只七岁，公公婆婆均年老多病，但她咬牙励志，担当起侍奉老人、抚养孤儿的重任。其子嵇璜为雍正年间进士，历任工部、户部侍郎、河东道总督、文渊阁大学士及四库全书馆、三通馆和国史馆正总裁等。

毋因自己的过错而损坏声名

原文

初，光禄既死①，难枢阻兵不得归②，有义仆程治者崎岖数千里扶返报命，夫人迎舟哭。哭已，谋速葬，检箧中敝衣典数金，买地于邑军障岭龟山之阳。视窆毕③，泣语相国曰④："吾前所以不死，以有舅姑在⑤。舅姑既没而葬，今又葬汝父，我则可以死，则又有汝在。汝父以秀才死国事，汝未成人，当如何？"则又呜咽曰："我其如何？"相国闻语感奋。比长⑥，益从师力学。岁己未庚申间米踊贵，太夫人日织布一匹易市中米作饭，指谓相国曰："儿能读书，乃得啖此未亡人歠粥⑦。"相国既强学不倦⑧，郁为通儒⑨，遂以孤童崛起，掇巍科⑩，列清要⑪。今上登极⑫，乃命入直南内⑬，出抚中州，旋畀河防重任⑭，迎养太夫人署中。太夫人勉之曰："汝父故人淮海幕⑮，尝言河防重与边防等，汝慎无辱。"相国益殚心工筑⑯，口不言劳。淮豫底定，晋阶台辅⑰。雍正十一年四月，有"公正廉明，正己率属"之诏。越十有一月⑱，有"敬慎居心，忠勤襄事"之诏。相国感激主知，尽然出涕曰："皆太夫人之训也。"

——节录自《碑传集》第一四九卷

注释

①光禄：官名。无专职的散官。此处指嵇曾筠。②枢：装着尸体的棺材。③窆：古代用以牵引棺椁下葬的石头。④相国：指嵇璜。⑤舅姑：丈夫的父母，即公公、婆婆。⑥比长：等到长大。⑦啖：吃或给别人吃。歠：饮；喝。⑧强学：顽强学习。⑨郁：茂盛。通儒：知识全面的学者。⑩掇：拾取；采取。巍科：古代科举考试，榜上名分等次，排在前列者称巍科。⑪清要：职位清贵，掌握枢要。⑫上：皇上。登极：登位；登基。⑬入直：封建时代称官员入宫禁值班供职。南内：皇帝居住的地方。⑭旋：不久。畀：给；给予。⑮故：从前。⑯殚：竭尽。⑰晋阶：进升官位。台辅：指三公宰相之位。⑱越：过；超。

译文

起先，嵇曾筠死后，因战乱路途阻塞，灵枢未能立即运回家乡。有一个很讲义气的仆人叫程治，历尽千辛万苦崎岖数千里将嵇曾筠的灵枢从河南扶着返回家乡，向夫人报丧复命，夫人迎接装有灵枢的船只放声痛哭。哭完之后，谋划从速加以安葬，从丈夫的衣箱中拣出几件旧衣服换回几两银子，在家乡小镇军障岭龟山一个向阳的山坡上买了一块地。等丈夫的棺材下土以后，她哭着对儿子嵇璜说："我在前不久之所以不打算寻死，是因为考虑到有公公婆婆在世还需要人照料，他们现在已经去世，并进行了安葬，今天你的父亲也安葬完毕，本来我可以死去了，但又想有你在。你的父亲是文官，为国事而死，你还没有长大成人，我应当如何才好呀？"接着又呜咽着对嵇璜说："我该怎么办呀？"嵇璜听到母亲这番悲哀的话语后，日益发奋。等到年龄大一点儿以后，更加努力拜师学习。己未、庚申年间，市场米价昂贵，杨氏每天织布一疋换米做饭，指着（桌上的饭）对儿子嵇璜说："孩儿你能用心读书，才可以吃到我这个没有死的人给你做的稀粥。"嵇璜既顽强立志，刻苦攻读不倦，又有志于成为一位知识全面的学者，于是脱颖而出，获取科举考试的优等，进入仕途，位居清贵，掌握枢要。皇上登位，嵇璜受命到皇上的殿廷值班供职，不久又被授予河防重任，迎养母亲杨氏到自己的衙门中。杨氏勉励儿子说："你的父亲从前在淮海督臣幕府中当幕僚时，曾说河防与边疆防务同等重要，你应当小心谨慎，不要损坏了声名。"嵇璜从而更加尽心注重黄河两岸堤工建筑，从不说劳苦。安徽、河南段河工完毕之后，因功得以晋升到三公宰相的重要官职。清雍正十一年四月，得到皇帝对他的"公正廉明，正己率属"的赞许。过了十一个月，又得到"敬慎居心，忠勤襄事"的嘉奖。嵇璜感激圣主知遇之恩，流着眼泪对人说："这都是我的母亲对我教诲的结果。"

洪亮吉母蒋氏家训

【训主简介】

蒋氏，江苏阳湖（今江苏武进）人，清初学者洪亮吉之母。蒋氏出生于书香世家，五岁就能背诵《毛诗》《尔雅》等古代文学方面的必读书，稍长熟读汉魏六朝乐府、古词，是一位知书达理的大家闺秀。其夫病逝后，年轻守寡，精心督教两个儿子读书做人。长子洪亮吉（原名礼吉）是清乾隆年间进士，翰林院编修。嘉庆初年，因直陈朝政得失，被遣戍伊犁，遇赦后，专意著述。于学无所不窥，以诗与黄景仁并称"洪黄"，以经学成就与孙星衍并称"孙洪"。

既应读书识字，更应励志做人

 原文

楚珩病而归①，母闻信，仓卒挈二子舟迎及三十里②。遇诸洛社，识仆哭号而投诸水，从妪持之免③，数求死不得，为不食者旬日④，时礼吉生才六年耳⑤。自是益困。母则无早夜寒暑，凡铖纫织组可力以自食者同⑥，率三女靡不更习而勤⑦……礼吉初从母受书……凡《尔雅》及诸经难字皆令手习计字⑧，分日以课，未尝出就外傅也⑨。至是始读书蒋氏塾中，已而蒋以塾满辞出，母复归，礼吉乃从里中师，里中师不辨音训⑩，夜分母为是正其误者，日不下数十字。母织子诵，至漏下四五十刻⑪……岁饥，母与诸女糠核而独饭礼吉⑫，礼吉不食，泣，母亦泣，必令礼吉食，或相视哽咽，泪流漓槃案间⑬，则皆罢食起，盖往往然也⑭。

母故绝爱怜礼吉，顾训督不少假[15]，时时为陈说祖若父抗节厉志事[16]，以勖其成[17]。虽一衣尺寸，必如先制。礼吉长，出游来归，检衣有非制者，怒曰："此而从俗迁变[18]，异日何以自立！"赏却贾人金五百而寓书礼吉云[19]："汝归于岁入，外浮一钱，非吾子矣。"时礼吉客某官所，贾人其所部也。是时，礼吉以文章经术名诸贤豪间，所至咸宾礼之[20]，母则力食如故常，而节其馆谷所入……厚抚从子[21]。

——节录自《碑传集》第一四九卷

注释

①楚珩：指蒋氏丈夫洪楚珩。②挈：带领。③姬：年老的妇人。④旬日：十日为旬，即十天。⑤耳：古汉语助词，罢了的意思。⑥铖：同"针"。⑦靡不：无不；无时无刻不。⑧《尔雅》：书名。相传为周公所撰，或说系孔子门徒解释六艺之作。⑨未尝：未曾。外傅：外边先生、老师。⑩音训：指音韵、训诂之学。音韵，也叫声韵学。训诂，对古书字句的解释。⑪漏下：古代计时器。每晚有一百刻。⑫糠核：粗恶的饭食。⑬槃：同"盘"。⑭盖：承上文说明理由或原因。⑮假：做作；虚假。⑯抗节：坚守节操。⑰勖：勉励。⑱从俗：迎合时俗。⑲贾人：做生意的人。⑳咸：都。㉑从子：侄儿。

译文

洪亮吉的父亲洪楚珩在外生病回故乡，他的母亲蒋氏听到这个消息，仓促带领两个儿子坐船前往三十里以外的地方迎接。在洛社这个地方相遇，听到仆人们哀声哭号，蒋氏深知不妙，于是投水自杀，幸亏随从的老妇人拉住才免于一死。紧接着又数次求死不成，悲伤至极，不进饭食好多天，这时儿子洪亮吉才只有六岁。从此，洪家家境日益困窘。蒋氏不分白天黑夜，寒冬酷夏，凡是有关针线缝纫、纺纱织布等力所能及的事情她都干，以此自谋生计，率领三个女儿无时无刻不勤俭从事……洪亮吉最初跟从母亲读书习字……凡是古代重要书籍如《尔雅》及各种经书中的难字都要求手抄认记，定期检查督促，未曾请外边教书先生来施教。学到这个程度后才开始送洪亮吉去娘家蒋氏私塾中读书，而后蒋氏私塾先生以私塾学生已满为由加以拒绝，于是蒋氏又带着儿子回到家乡，让他跟从乡里的教书先生读书，但乡里这位教书先生不懂得音韵、训诂之学，于是母亲在晚上纠正他不准确的地方，每天不少于几十个字。每天晚上母亲编织，儿子诵读，到深夜才就寝……遇到饥荒的时候，蒋氏与其他几个孩子吃着粗恶的饭食，唯独让洪亮吉吃白米饭，儿子不吃，哭泣不止，母亲也跟着哭泣不止，一定要儿子吃下去，有时两人相对哽咽，泪水滴落在桌上的碗里，最后大家都不吃饭而离开，这是经常的事情。蒋氏因此特别疼爱洪亮吉，对他严格加以训导督促，从不违心地放松一刻，时常对洪亮吉陈说他的祖父和父亲坚守节操、刻苦励志不动摇的往事来勉励他成长。即使是穿衣之类的事，蒋氏也严格要求儿子必须符合先人的规矩。洪亮吉长大以后出外游学回到家里，母亲蒋氏检查他穿的衣服，如果不符合规矩，她就大发脾气教训儿子："你这个时候就迎合时俗而迁移变化，以后怎么能够自立！"蒋氏以五百两银子赏给做生意的人并写信告诫洪亮吉："你只能拿全年收入回家，如额外多收一分钱，就不是我的儿子。"这时，洪亮吉寄住在一个做官的人的衙门里，那个做生意的人正是这个当官的部下。与此同时，洪亮吉已经以文章和经国济民的才识扬名于著名人物间，每到一地，都受到热情接待。蒋氏却仍然像平常一样自食其力，同时又省吃俭用，不乱花儿子在外的收入……厚待、抚养侄儿。

田雯母张氏家训

【训主简介】

田雯（公元1636—1704年），字纶霞，济南府德州人。康熙三年进士，授中书，曾督学江南，督粮湖北，后任江苏、贵州巡抚，刑部、户部侍郎，为官廉正，多有建树。其母张氏系清顺治年间山东德州人，自幼接受传统教育，广泛阅读过文史方面的书籍，文章写得漂亮，诗作尤佳，是一位知书达理的女子。其夫去世时，张氏不足四十岁，毅然担负起操持家计、抚教幼儿的重任。十年间，以辛勤纺纱织布维持生计，辅导几个儿子刻苦攻读。功夫不负有心人，其子田雯、田需、田霖个个成才。

汝曹官于朝尤宜晓大体

原文

盖恭人年七十时①，里党为恭人寿②，恭人以戒其孤之辞。辞曰："示雯辈：汝昨来言里中先进、学校、乡曲诸君子③、父老谋欲醵钱置酒宴④，合诸名家文词，张屏障，如前岁寿萧太夫人事将以寿吾者。此亲串盛心、洽比雅事⑤，吾乌能无感⑥？然自度有甚不可者，今得详为汝曹言之⑦。按礼，妇人无夫者称未亡人。凡吉凶交际之事，不与，亦不为主名……何休云⑧：'妇人无外事，所以远别也。'后世礼意失，始有登堂拜母之事⑨。战国时严仲子自觞聂政母前⑩，且进百金为寿，盖任侠好交之流有所求而然耳，岂礼意当如是耶⑪？吾自汝父之殁于官⑫，携扶小弱，千里归榇⑬，含艰履戚三十年余⑭，阖户辟绩⑮，以礼自守，幸汝曹皆得成立⑯，养我余年。然此中长有隐痛，每岁时塍腊⑰，儿女满前，牵衣嬉笑，辄怦怦心动⑱，念汝父之不及见，故或中坐叹息，或辍箸掩泪⑲。今一旦宾客填门，羊酒塞路，为未亡人称庆，未亡人尚何以庆乎⑳？三十年吉凶交际之事不与知，而今日更强我为主名，其可谓之礼乎？处我以非礼，不足为我庆，而适足增我悲耳。且我何以萧太夫人比也？萧太夫人年跻八十㉑，于古谓之上寿㉒。萧封君即世不过十余年㉓，为白首夫妇。汝父之亡，吾年未四十，今更三十一年，亦仅古之中寿耳，何可以萧太夫人比？且其子侍读君居里已十七年㉔，德望高，善行被于乡党⑤。乡党德其子而庆及其母，宜也㉖。汝曹中外薄宦㉗，偶归里闾㉘，无善及人而亦偃然受乡先生㉙、里父老之捧觞拜跽㉚，其又何以为情？顷者㉛，米价翔涌，邑井萧然㉜，亲故素多贫乏，若复合钱市籑㉝，为未亡人进一日之甘㉞，未亡人更罪戾是慁矣㉟。汝曹官于朝，宜晓大体，其详思礼意以安老人之心，为我先事而婉辞之，惟勿忽也。"其遇事引经传以合乎大道，类如此㊱。

——节录自《碑传集》第一四九卷

注释

①盖：发语词。恭人：古代妇人的封号，或对官吏的妻子的称呼。②里党：乡里的人。寿：祝寿。③乡曲：乡下；乡里。④醵：大家凑钱。置：置办。⑤洽比：和洽亲近。⑥乌：何；哪里。⑦汝曹：你们这些人。多用于长辈称呼后辈。⑧何休：东汉经学家。⑨堂：正房；厅堂。⑩自觞：自己端着盛有酒的杯子，比喻尊敬长辈之意。聂政：战国时代人。严仲子与韩国宰相侠累不和，求聂政行刺侠累。聂政因其母在，不许。母死，才独行仗剑刺杀侠累，然后毁形自杀。⑪耶：疑问助词，表示语气。⑫殁：死，也作"没"。⑬椟：棺材。⑭戚：忧愁；悲哀。⑮阖户：闭户。⑯成立：成家立业。⑰腊：古时阴历十二月祭名，始于周代。⑱辄：总是；就。⑲辍箸：放下筷子。⑳尚：还。㉑跻：登，上升，进入。㉒上寿：高寿。㉓即世：去世。㉔侍读：官名。职务是给帝王讲学。㉕乡党：乡里的人。㉖宜：适合。㉗薄宦：影响不大的官吏。㉘里闾：里巷；乡里。㉙偃然：马上就，立即就。乡先生：乡里的知识分子。㉚捧觞：捧场，抬举。拜跽：尊敬钦仰。㉛顷者：近来；不久。㉜邑井：城乡。萧然：不景气，寂寞冷落。㉝籑：饭食。㉞甘：美味的食物。㉟罪戾：罪过。慁：忧愁。㊱类：大致；一般。

译文

田雯兄弟的母亲张恭人即将七十岁，乡里的人打算为她做寿酒，张恭人特意为此事写信告诫儿子。信中说："示雯儿等：你昨天来信说乡里那些前辈、学校和乡下诸君子、父老乡亲们，正在谋划要大家凑钱置办酒宴，聚合各名人的文词、铺张屏障，像前年祝贺萧太夫人那样来给我做寿。这本来是亲戚朋友之间来往交际、和洽亲近的好事，我怎能不感动？然而，我经过反复思量觉得这其中又有很不合适的地方，今天我就详细地向你们谈谈。按照以前传统的礼制规范来讲，一个没有丈夫的妇女，被称为还没有死的人。凡是有关红白喜事等交际往来方面的事情，不应当参与，也不应当出面主持……汉代学者何休说：'妇人不管外面的事情，所以应当远离一切对外交际往来的场合。'后来有关传统道德规范的内容慢慢丧失，才有登堂拜母的事情出现。战国时严仲子怀着崇敬的心情主动亲近于聂政母亲的跟前，并且进献百金为聂政母亲祝寿，原因是他有求于聂政，想让聂政为其刺杀政敌侠累，怎么能够说道德规范应当如此呢？我自从你们做官的父亲病逝，就携扶你们，千里跋涉护着你们父亲的棺材葬于家乡，从此含辛茹苦三十多年，闭户不出，纺纱织布维持生计，以道德规范指导自己的行为，值得庆幸的是你们现在都已成家立业，供养我的晚年。可是我的内心深处并不愉快，常常有说不出的痛苦。每当节气和大年三十，儿女们都来到我的眼前，牵衣嬉笑，这时我总是心跳加快，感到不安。我想你们的父亲未能见到这合家团聚的幸福，所以，有时独坐叹息，有时放下手中的筷子掩面流泪。如果现在一旦宾客满屋，送礼的来往不绝，为我这个没有去世的人庆贺生日，我还能感到高兴吗？三十年来，有关红白喜事等交际往来的事情，我都一概不参与，而如今你们强求我成为接受庆贺的人，还谈得上道德规范吗？你们如果把我推到不讲道德规范的地步，那么就不足以使我内心感到高兴，反而增添了我的悲伤。况且，我怎么能够同萧太夫人相比呢？萧太夫人年龄已达八十，在古代来说属于高寿。萧太夫人的丈夫去世不过十余年，他们算得上是白头到老的夫妻。你们的父亲死的时候，我还不到四十岁，至今虽然已过了三十一年，但我的年纪还只算是上中等之寿，怎么可以同萧太夫人相比？况且萧太夫人的儿子侍读君居住在家乡已经十七年，德行声望高，友善行为遍及乡里，乡里人感戴他而庆贺他的母亲，这是很适宜的事情。你们几个还是影响不大的官吏，偶尔回到家乡，没有什么好处施予别人，而很快就接受乡里前辈、父老乡亲的抬举和尊重，又怎么能说是符合情理？近来，米价飞涨，城乡一片萧条，亲戚朋友向来大多贫困，如果又要凑钱购买食物，为我提供一天的美味，我更加会感到罪过忧愁。你们在朝廷做官，应当知晓大体，详细思考道德规范的含义所在，用以安慰老人的心，应当替我事先婉辞谢绝乡亲们的好意，千万不要忽略了这件事。"张恭人遇事引用经传以阐发传统道义，大致就是如此。

刘晖吉母曾氏家训

【训主简介】

曾氏系清乾隆年间建水人，其夫刘芳第久病不起，她对其精心照料，毫无怨言。曾氏不到三十岁，丈夫病亡，自此励志抚养两个儿子和三个女儿成人，其中的艰难困苦可想而知。

母忘节俭行善的人生准则

原文

刘氏家故贫①，无一垅之植②。节妇未三十有二子三女，嗷嗷待哺③，而夫子芳第病剧④，谓节妇曰："余殆将不起⑤，家贫如是，奈何！"节妇泣而言曰："妇有承夫之义，以艰难易心，岂人耶？"于是饮冰茹檗⑥，勤纺绩供食，指督女女红⑦，课男儒业⑧，终始数十年，荼蓼拮据之状⑨，有为其子所不忍言者。卒之，长子仪吉牵车服贾⑩，克勤于家；次子晖吉发愤力学，由博士弟子举戊申孝廉⑪。人为节妇喜，即二子亦思有以慰节妇。节妇乃独戚然不乐曰⑫："恨夫子不克见儿之成立也⑬。"乃复时时率诸子妇勤绩如故⑭，节食饮，皤然白发⑮，无晷刻自逸旧⑯。曰："将以清白望吾子俭与勤，所以维其志也。"

——节录自《碑传集》第一五二卷

注释

①故：从前；一向；历来。②垅：在耕地上培成的一行一行的土埂，在上面种植农作物。植：耕种。③嗷嗷待哺：形容饥饿时急于求食的样子。④夫子：旧时妻称夫为夫子。⑤殆：危险；几乎。⑥饮冰茹蘗：也叫饮水食蘗，比喻心境不宁，生活艰苦。⑦女红：旧时指女子所做的纺织、缝纫、刺绣等工作和这些工作的成品。⑧课：教导；督促。儒业：学业。⑨荼蓼拮据：处境艰难，缺少钱财。⑩牵车服贾：拖着车子做生意。⑪博士弟子：汉代太学，由博士授业，称太学生徒为"博士弟子"。后来也以称太学生或诸生。举：起；伸；升。孝廉：汉代选拔官吏的科目之一。明清时俗称举人为孝廉。⑫乃：却。⑬不克：不能。⑭子妇：儿子的媳妇。⑮皤然：老貌。引申为老人。⑯晷：日影，比喻时光。自逸：自我安闲。

译文

刘晖吉的父亲在世时家中一向贫穷，无一垅可耕种的田地。曾氏不到三十，身边有两个儿子和三个女儿，嗷嗷待哺，而她的丈夫刘芳第此时病情加剧，对她说："我的病很严重，恐怕不久将离开人世，家中穷得这个样子，怎么办呢？"曾氏哭着对丈夫说："妻子有继承丈夫之业的大义所在，如果因艰难而改变我对你的一片忠心，还算得上是人吗？"于是，她默默忍受心境不宁、生活艰苦的境况，辛勤纺纱织布来供养一家人的饭食，指派督促几个女儿做纺织、缝纫、刺绣等手工，教导儿子们潜心于学业，自始至终几十年都处于处境艰难、缺少钱财的状况，常常使人感到不忍心诉说。后来，长子刘仪吉拖着车子做生意，克勤克俭持家；次子刘晖吉发愤苦学，由县级学校生员中戊申年间举人。别人为曾氏感到高兴，两个儿子也认为他们的成长可以宽慰母亲的心了。但曾氏却独自忧愁不乐地说："遗憾的是我的丈夫不能看到孩儿成人自立。"

于是仍像从前一样常常领着儿媳们辛勤纺纱织布，节省饮食，直至白发满头也无一刻独自安闲。她说："我这样清白做人是希望我的儿女们节俭勤劳，用以维护自己的志向。"

胡仕良母吴氏家训

【训主简介】

吴氏系清南漳县人，自幼聪慧过人，父兄授以女训诸书，能解妇道之义。十七岁时嫁给胡嗣英为妻，十九岁时生子仕良仅九十五天，其夫病亡。她谨遵妇训，励志守节，抚养幼儿，侍奉公婆，前后达五十二年。不仅儿子洁身自好，而且两个孙子也才学出众，一时被乡人传为佳话。

原文

其卒也，召仕良至前，两孙在侧，笑谓曰："吾今遒得从汝父于地下矣①。"仕良方惊愕，已端坐而逝。嗣英故贫士，家无馀资。嗣英殁后②，中更大事，业益落，节妇所居仅草屋数间，不戒于火，焚且尽，戚邻为之悲惋。节妇处之怡然③，曰："此殆天以之试吾操也④。"励志益坚。仕良初从学，以贫故改为贾⑤，节妇以针黹所获⑥，资其居积，早夜督察，不少宽假，曰："汝能修身慎行，不辱先人，勿令人羞称汝名，羞言汝行，即为克家之子⑦，吾不求名在为学与为贾也。"今仕良且老

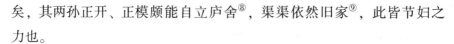

矣，其两孙正开、正模颇能自立庐舍⑧，渠渠依然旧家⑨，此皆节妇之力也。

——节录自《碑传集》第一五二卷

注释

①迺：同"乃"。②殁：死。也作"没"。③怡然：形容喜悦。④殆：此处作"大概"解。⑤贾：做生意；经商。⑥针黹：针线。⑦克家：继承家业；延续家风。⑧庐舍：房屋，田舍。⑨旧家：从前家风。

译文

胡仕良的母亲吴氏临终前，把胡仕良叫到面前，把两个孙子叫到两侧。她笑着对他们说："我今天才得以随你父亲到地下去了。"胡仕良正感到惊讶之时，母亲已端坐而死。胡仕良的父亲胡嗣英一直是一位贫穷的读书人，家中没有剩余的钱财。胡嗣英去世后，中间又经历了大的变故，家业日益衰落，吴氏所居仅仅是几间茅草房，不慎又遭火灾而毁于一旦，亲戚和近邻都为之感到悲伤惋惜。但吴氏处之泰然，若无其事地说："这大概是老天爷用来试一试我的情操如何的。"从此意志日益坚定。仕良起初从学，由于贫穷的缘故而改做生意，吴氏则以针线活换来的血汗钱，尽力资助他积蓄成本，早晚监督察看，不稍微给予宽容，对他说："你能修养身心谨慎行事，不败坏祖先的名声，不使人家羞于谈到你的名字，羞于谈论你的言行，也就算得上能继承父祖辈事业的人了，我不强求你的名分是做学问还是做生意。"如今胡仕良也已经老了，吴氏的两个孙子正开、正模也能置办家产，自食其力，勤勤恳恳，依然遵循从前家风，这都是吴氏对他们教导的结果。

刘承干母邱氏家训

【训主简介】

邱氏系清代浙江乌程县人，其夫刘安澜官至工部郎中，但中年早亡。邱氏遵其夫遗嘱，含辛茹苦，精心养育幼儿成人。其子刘承干后官至四品卿衔郎中，曾捐巨资赈济地方之灾。

救济灾民不可存求名之念

 原文

承干之言曰："吾四岁侍母膝下①，顾复恩勤②，不可殚述③。吾母茹悲饮泣④，供佛长斋⑤。吾嬉戏于旁，不知母怀之痛绝也。吾就傅晚⑥，自塾出⑦，吾母必进而问曰：'今日识字几何？读书几何？'又举吾父当日事，絮絮为吾言。迄今思之⑧，此境如昨也……自吾父之殁⑨，吾母烦苦抑郁二十四年。追念饮食教诲，至于成人，皆出母赐，而今报德其无由矣。母性好施予，尤以振灾为亟⑩。病革时⑪，垂念海州灾黎⑫，喃喃语不绝。故殁后，吾承母志，输巨款拯海州之难。又平日尝谕承干曰⑬：'吾家承先泽，履丰厚⑭，遇善事而行不力，将为天理所不容。当视为己分应为，毋杂以求名之念⑮。'"

——节录自《葵园四种》

注释

①侍：跟随；在一起。②顾：回想；环顾。③殚述：尽述。④茹悲饮泣：承受悲伤，饱尝艰辛。⑤供佛长斋：供奉神佛，长期吃斋。⑥傅：先生；老师。⑦塾：私塾；学校。⑧迄今：至今；到现在。⑨殁：死，也同"没"。⑩亟：急迫。⑪病革时：病危将死的时候。⑫灾黎：受灾的老百姓。⑬尝：曾；曾经。谕：指示；教导。⑭履：实行；实践。⑮毋：副词，表示禁止或劝阻，如"不要"。

译文

刘承干对我说："我四岁时跟随在母亲大人的身边，所以回忆起母亲大人的恩情劳苦，无法以言语尽述。我的母亲在我父亲去世之后，承受悲伤，饱尝艰辛，供奉神佛，长期吃斋。我在她的身旁嬉戏，而不知道母亲大人心中多么的悲痛。我从师学习比较晚，每当我从私塾回来，我的母亲就必定会问我：'你今天认识了多少字？读了多少书？'同时又列举我父亲在世时的事情，絮絮叨叨地对我讲述。至今回想起来，此情此景就像在昨天一样……自从我的父亲死去，我的母亲烦苦抑郁了二十四年。追念她老人家对我的生活照料和谆谆教诲，直至我长大成人，这一切都出于她的一片慈母之心，而今要想报答她老人家的恩德也没有办法了。我的母亲本性喜欢施舍于人，尤以拯救灾荒为急务。在她病危将死的时候，还深念海州地方的灾民，喃喃自语不停。所以在她离开人世后，我继承她的遗志，捐出巨款拯救海州灾民的苦难。在平日，母亲大人曾教导我说：'我们家继承先人遗留下来的恩惠很丰厚，遇到可以行善的事而不尽力的话，将会天理不容。你应当把这个问题看作自己分内应做的事情，不要掺杂求名的念头。'"

郭松林母罗氏家训

　　罗氏为湘军将领、湖北提督郭松林的母亲，湖南湘潭人。当清咸丰、同治年间"内忧外患"之际，她先后促四个儿子或从政，或治军，"忠君报国"观念十分突出。同时，她居富以仁，促家人纳资以置义庄，救孤济贫之义举广为乡人所称道。

诫子救孤济贫且"公而忘私"

 原文

　　太夫人贤明有礼法①，孝事姑②，推姑之教以善其家③，必当于其姑之心；顺事夫，推夫之仁以施其乡④，必适于其夫之志⑤。郭氏世为富家，至赠公始贫⑥……其后贵盛，子若妇又皆孝⑦，求所以为太夫人欢，无弗至者⑧……赠公始尝有意置义庄赡族⑨，太夫人则以命其子曰："自汝祖以上十一世，有甚富者。十一世以下则皆贫。今岁出所有周之⑩，无宁竟均与之⑪，此汝父遗志也。"于是提督以下及诸子妇承太夫人命⑫，尽括所有⑬，推而纳诸宗族⑭，为义庄，存其籍于官⑮……先是芳镜战没宁国⑯，赠公及姑刘太夫人相继卒。逾年⑰，女夫黄振楚战没滑县⑱，芳珍又战没钟祥。太夫人甚哀，南轩体羸也⑲，又战屡伤，意尤怜之。然闻有诏属以军事⑳，必速之行。松林官湖北提督，间一归省㉑，太夫人戒曰："我妇人，犹知古义在公忘私㉒。今后无以我为念。"南轩留侍太夫人，以孝闻㉓。提督君在军得士心，在官仁贤，又得民心。凡行

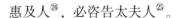

惠及人^㉔，必咨告太夫人^㉕。

——节录自《郭嵩焘诗文集》

注释

①太夫人：指郭松林母罗氏。②姑：婆婆，丈夫的母亲。③善：办好；操持好。④施：给予；应用；运用。⑤适：适宜；恰好。⑥赠公：指郭松林的父亲。⑦若：连词，与，和。⑧弗：不；无。⑨尝：曾；曾经。义庄：置田取其租入以赡宗族内贫户，其产业即由宗族中管理，作为一族之公产。赡：供养生活所需。⑩周之：接济。⑪无宁：不如；宁可。⑫提督：指郭松林。⑬括：囊括；总括。⑭纳：交付；缴纳。⑮籍：书籍；册子。⑯芳镜：指罗氏第二子。没：死亡。⑰逾：超过；逾期。⑱黄振楚：湘军中下级将领。⑲南轩：指罗氏第三子。羸：瘦弱；羸弱。⑳属：通"嘱"，委托，托付，交付。㉑归省：回家探望；省亲。㉒犹：还；尚且。㉓闻：闻名；有名。㉔惠：好处；恩惠；给人好处。惠及：把好处给予某人或某地。㉕咨告：咨询，禀告；征求或请求意见。

译文

郭松林的母亲罗氏能干精明而又遵循礼的规范，孝敬服侍婆婆，推崇婆婆的教导来妥善处理家务，一定做到符合婆婆的心意；顺从服侍丈夫，推崇丈夫的仁爱之心运用到乡里，一定做到符合丈夫的志向。郭松林家从前世代为富裕之家，到了他的父亲赠公时才开始贫穷……后来家境发展到很富裕的地步，儿子和儿媳妇都对长辈很孝顺，为使母亲罗氏高兴，没有一点儿没想到、没做到……郭松林的父亲在世时曾经有意置田设立接济宗族内那些贫困者的义庄，罗氏于是

对儿子们说："自你祖父以上十一代，郭家有很富裕的人。十一代以下则都贫穷了。今年我们家倾其所有接济族中那些贫困者，不如把产业全都交给他们，这是你的父亲在世时的志愿。"于是，自郭松林以下及各位弟弟、弟媳妇秉承母亲罗氏的教导，把全部家产交付给郭氏宗族，作为一族之公产，将田产册子存于官府……最先，罗氏的二儿子芳镜战死于宁国，接着她的丈夫赠公及婆婆刘太夫人相继逝世。一年后，她的女婿黄振楚战死于滑县，四子芳珍又战死于钟祥。罗氏感到非常悲伤，她的三儿子南轩体弱多病，又因在战场上多次受伤，罗氏心里尤其怜爱他。然而，当得到期待他再度出山领军的诏书后，却敦促他火速启行赴任。郭松林做湖北提督，有时回家看望亲人，罗氏就告诫他说："我作为一个妇女，还懂得古义所强调的在公忘私。从今以后，你不要以我为牵累。"后来，南轩留在家中服侍母亲时，以孝顺母亲而闻名于世。郭松林提督在军中得士兵爱戴，做官行仁爱且很有才能，又得民心。凡是给人好处，一定要征询禀请母亲罗氏的意见。

张恪垓母邹氏家训

【训主简介】

邹氏系湘乡"儒士"张喧之妻，"幼贞静，不苟言笑"，十五岁时即与张喧之成婚，五年后丈夫病逝，其子张恪垓尚只四岁。自此，年仅二十岁的邹氏，在尽心抚育幼子的同时，悉心服侍公婆达十余年之久。公婆去世后，她倾全力主持安葬，甚得乡人赞许。

诚子以"潜心礼义"之学为务

原文

恪垲长而好学，有父风①，安人教督綦严②，小不检校③，辄笞责加之④。时罗忠节公方以诸生讲学⑤，从游者众，安人则遣恪垲往事之。每归省⑥，辄戒曰："吾之以汝读书者，盖念汝父力学半生⑦，欲汝潜心礼仪⑧，无坠先人志事耳⑨。"以故恪垲师事忠节数年，与闻圣贤之学⑩，称高弟子。忠节尝语余曰⑪："张子读书做人⑫，品学兼优，匪吾之力⑬，盖涵濡于母氏之训者⑭，固有以先之也。⑮"

——节录自《曾国荃全集·文集》

注释

①父风：父亲的作风；父亲的风貌。②安人：指邹氏。封建王朝给妇人封赠的称号规定，六品官之妻封安人。綦严：极严；很严。③检校：检点约束。④辄：总是；就。笞：用竹板、荆条打。⑤罗忠节公：指湘军将领罗泽南，死后谥"忠节"。诸生：即考入府、州、县的生员，亦称秀才。⑥归省：指张恪垲从私塾回到家里看望母亲邹氏。省，探望；问候。⑦盖：承上文说明理由或原因。⑧欲：要求；希望。⑨坠：落下；失去。耳：古汉语助词，罢了的意思。⑩与闻：了解；懂得。⑪尝：曾；曾经。余：指曾国荃。⑫张子：指邹氏之子张恪垲。⑬匪：不是。⑭涵濡：滋润浸渍。⑮固：本来；原本；固然。

译文

张恪垲年纪稍长便爱好读书，具有与他父亲一样的精神风貌，母亲邹氏对他教导督促极其严格，如他的行为稍有不检点约束，就要被母亲用竹板或荆条责打。当时，罗泽南正在以秀才的身份开馆教授生徒于乡间，跟从罗氏学习的人很多，邹氏于是把张恪垲送到罗泽南塾馆读书。张恪垲每次从学馆回家探望母亲，邹氏就告诫他说："我之所以送你去读书，就在于追念你的父亲努力治学半辈子，希望你潜心礼仪之学，不要丢掉先人立志读书做学问的传统。"由于这个缘故，张恪垲跟随罗泽南读书学习数年，较为全面地知晓了圣贤之学，称得上是罗泽南的得意弟子。罗泽南曾经告诉我说："张恪垲读书做人，人品学识均很优秀，这不是我的功劳，而是因为他母亲邹氏教导的浸润，由于严格的教诲，他原本有了超过他人的条件。"

彭玉麟母王氏家训

【训主简介】

王氏系清代浙江绍兴人。自幼聪慧过人，广泛涉猎诗书，父母爱之如掌上明珠。但她选择对象的标准很高，年至三十才嫁给彭鸣九为妻。其子彭玉麟为湘军水师著名将领，为人刚正不阿，官至兵部尚书。

不要为了自己的利害得失而置他人于不顾

原文

赠公沉下僚二十余年①，薄积廉奉②，寄所亲买田湘中，将老焉。比归检校翻③，所亲匿其契券不与，初犹许致薄少④，继且出无义语，时相诟詈⑤，赠公以此忧郁病殁⑥。侍郎年甫十五⑦，锐思报之。太夫人泣谓："儿当志其远大，毋速祸自危。事无左证⑧，不得直也。"所亲又伺玉麟过市⑨，挤坠深池，遇救仅免。于是彭氏之党益忿，谋讼诸官，返所匿资产，太夫人谢之："儿幸不死。吾不欲以争产故携之赴官求理；儿如不肖⑩，虽讼得之，终为人有耳。"所亲知事不可掩，诺还瘠田十之二。然心犹不慊，辄藉故相陵轹⑪。太夫人不之校⑫，岁祲采野菜作食⑬，语两子移家郡治避之。侍郎补博士弟子员⑭，学行重一时，以奇贫为人司质库耒阳⑮。咸丰二年，粤寇入湘⑯，耒阳一日数警，人多迁避。太夫人病中贻书侍郎⑰："受人重寄，无亏信义。苟免也，必谨扃钥待主者⑱。"

——节录自《左宗棠全集》

❧ 注释

①赠公：指彭玉麟的父亲彭鸣九。②廉奉：封建官吏的养廉银和工资收入。③比归：等他回到家里。检校：查核。④犹：还。⑤诟詈：辱骂。⑥殁：死，同"没"。⑦侍郎：官名。为部一级长官。此处指彭玉麟。⑧左证：同"佐证"。⑨伺：观察；守候。玉麟：指王氏次子彭玉麟。⑩不肖：无才能的人。⑪辄：动不动；总是。陵轹：欺压。⑫校：同"较"。计较。⑬岁祲：年岁不佳。⑭补：填补。博士弟子：汉武帝设博士官，置弟子五十人，令郡国选送。唐以后也称生员为博士弟子。⑮奇贫：特别贫困。司质库：掌管当铺方面的事务。⑯粤寇：对太平天国农民起义军的诬称。⑰贻书：遗书；写信给。⑱扃钥：门闩钥匙。

❧ 译文

彭鸣九屈居小官二十余年，积聚少量的养廉银和工资收入，寄给可以信任的亲戚在湖南老家衡阳购买田地，作为养老的处所。但等他回到老家准备查核时，这个亲戚把契券隐藏起来不交给他，起初还许诺给他一小部分，接着说出无情无义的话语，时常对他加以辱骂，彭鸣九因此忧郁得病身亡。彭玉麟长到十五岁时，急着想对此事加以报复。他的母亲王氏哭着对他说："孩儿你应当有远大的志向，不要因此事速招灾祸而危及自己。你父亲寄钱给那个亲戚买田地没有佐证依据，你要解决这一纠纷是很难得到公正的结果的。"那个亲戚又策划阴谋，等待王氏的小儿子彭玉麒经过街上时，把他推入水很深的池子里，遇到好人相救才幸免一死。于是，彭氏宗族里的人日益感到气愤，打算将此事向官府控诉，与那个不讲义气的亲戚打官司，让他归还隐藏不交的资产给彭家，但王氏谢谢他们说："我的小儿子有幸不死。我不想以争田产的缘故带领儿子们到官府去求理；儿子如果没有才能，即使通过打官司得到了田产，最终还是会被人得去。"那个亲戚知道事情不可能再掩饰下去，许诺归还十分之二的贫瘠田地。然而，他的内心还是没有诚意，总是借故对王氏加以欺压。王氏不与他计较，年岁不佳的时候到山上挖野菜作为食物充饥，并告诉两个儿子把家迁移到城市去躲避那个亲戚的无理纠缠。彭玉麒成为府县学校生员，学识言行都被人重视，因为特别贫困在耒阳城替人掌管当铺。咸丰二年，太平天国农民起义军进入湖南，耒阳一天之内多次发生紧急情况，人们大多迁移到别处躲避。王氏在病中写信给彭玉麒："你受人家重任寄托，应当讲信义。假使不可以再做生意，也必须谨慎照看好门面，保管好钥匙等待主人回来。"

王先谦母鲍氏家训

【训主简介】

鲍氏系清代湖南善化县人，出身于书香世家，从小接受过较为系统的儒家传统教育，知书达理，颇具才华。生有四子四女，其最小的儿子王先谦为晚清著名学者兼官吏，受其母教导影响颇深。

为人须吃得苦，又须耐得住贫困

原文

生事艰难，惟是为亟^①。太夫人无几微怨怼之色^②，且时以乐天知命宽尉府君^③。府君尝叹曰^④："愿汝他日先我没^⑤，我得为一文祭汝，以章汝德也！"后太夫人每语儿妇辈云："吾当时诚不意全活至今，然以汝父专精于学，虽饿死无怨。男子贵固穷^⑥，但闺阁内不知礼义^⑦，或相摧谪^⑧，则心分扰不能自力。此关于家道废兴甚大，汝曹志之^⑨。"……遇困乏者振贷无少吝^⑩，每戒不孝云："人当无时作有时看，有时替无时想。"至自奉则务崇节俭，逮老无玩好之需^⑪，金玉之饰。或强奉之，旋即屏置。家人劝以戏具为乐，太夫人曰："吾但愿家庭整严，内外辑和，男勤女奋，即是至乐。他非所愿也。"细务必亲，终日勤劳。恒言^⑫："吾非好劳，性实习此。且妇人不能作苦，福可长享耶？"顾语儿妇辈曰^⑬："汝祖母之教乃如是，吾家相传家规，当世世谨守之。"故弥留之前夕^⑭，不孝泣禀太夫人前云："脱有不讳旧^⑮，儿必恪守家规^⑯，一如母生存时谨身安分，以继先府君未竟之志，不使吾母含恨九泉^⑰。"

——节录自《葵园四种》

注释

①亟：急迫。②怨怼：怨恨；不满。③府君：对死去的父亲的尊称。④尝：曾；曾经。⑤没：同"死"。⑥固：自然；固当如此。⑦闺阁：闺房。⑧谪：责备；指责。⑨汝曹：你们这些人。⑩振贷：救济贷款。吝：吝啬。⑪逮：到；及。⑫恒言：常用语。⑬顾：又；兼顾。⑭弥留：病重快要死了。⑮脱：倘若；或许。不讳：意为人死不可避免，无可忌讳。⑯恪守：谨慎而恭敬地遵守。⑰九泉：墓地。

译文

人生是艰难的，生存更为急迫。但母亲大人对此没有半点不满的表情表露出来，而且时时以乐天知命的姿态来宽慰我的父亲。父亲大人曾感慨地对我母亲说："希望你以后能够比我先去世，我可以为你作一文来祭祀你，用来表彰你的良好品行！"后来母亲大人常常对我们说："我当时的确没有意料到能活到今天，然而为了你们的父亲能够专心精研于学问，我即使饿死也没有怨言。男子最重要的是不怕艰苦贫穷，但女人如果不知晓礼仪，或者夫妻相互拆台指责，那么就会心绪纷乱而不能尽到自己的力量。这个问题与家道兴衰的关系特别重大，你们应当记住这个道理。"……母亲大人凡是遇到贫困的人都会主动给予救济借贷，从不吝惜，常常告诫我们晚辈说："一个人应该把贫困时当作富裕时坦然看待，而在富裕时又要常常想想贫困的时候。"至于她老人家自身却崇尚节俭，到老仍没有玩好的需求，没有金玉方面的修饰打扮。有时候晚辈一定要她这样做，她就会立即加以谢绝。家人劝她以看戏作为一桩快乐的事情，她立即明确表示："我只愿家庭整齐严肃，内外亲近和谐，男子勤快，女子振作，这就是我最感到快乐的事情。其他就不是我所希望、愿意的了。"家中一切事务她必定要亲自经手，整天做这做那，从不歇息。母亲大人的常用语是："我并不是喜欢劳苦，本性实在是习惯这样。而且，一个女人如果不能吃苦，幸福可以长久享受吗？"继而又对晚辈们说："你们的祖母就是这样教导的，我们家相传下来的家规，你们应当代代谨守。"所以她在病重快要离开人世的时候，我流着眼泪禀告她说："倘若您不可避免地要离开人世，我们做儿子的一定谨慎而恭敬地遵守家规，像您在世时教导我们的那样谨慎安分，来继承父亲大人未完成的志愿，不使您老人家在九泉之下感到遗憾。"

杨鸿度母陈氏家训

【训主简介】

陈氏是晚清湖南安化县人，其夫为兵部尚书、闽浙总督，其子杨鸿度、杨显楷均为有功名的人。陈氏十四岁嫁到杨家，丈夫多年在外当官，她细心料理家务，抚养儿女，堪称贤内助。

做官人家的子弟不能有散漫奢靡之习

原文

尚书受学罗忠节公①，从领一军，功最多。左文襄公既出视师②，假尚书为佐③。其家日荣显矣。夫人简料有无，内仁族党④，外周姻故⑤，日殚心于所事⑥，而勤有余，若不知其身之贵也。尚书为布政使浙江⑦，夫人始从之官，汲汲以求赞成其德⑧。有施焉，先之；有劳焉，共之。尤严于课子，曰："在官而纷靡之习足以夺其志趣也⑨。尔父在公，无暇私忧其子，此吾事矣。"故其卒也，尚书以失其助；亲故之托以为生者以失其依；家人之供事左右，下逮臧获贱者⑩，亦皆失所瞻事也⑪。

——节录自《郭嵩焘诗文集》

注释

①尚书：官名。有吏部、礼部、户部、兵部、刑部、工部等尚书。此处指陈氏曾任兵部尚书的丈夫。罗忠节公：指湘军将领罗泽南。②左文襄公：指湘军将领左宗棠。③假：假定；借用。佐：辅助。④族党：

同族的人。⑤姻故：姻亲故旧。⑥殚心：尽心。⑦布政使：官名。全称为承宣布政使司布政使，位于督、抚之下，专管一省的财赋、地方官考绩等事。⑧汲汲：心情迫切。⑨纷靡：杂乱奢靡。⑩逮：到；及。臧获：奴婢的贱称。⑪瞻：瞻顾。

译文

　　陈氏的丈夫受学于湘军儒将罗泽南，他统领一军，建立的功勋最多。左宗棠初出山治理湘军，借用杨尚书为帮手。从此，杨家日益尊贵显赫。陈氏查检料理家事，对内仁爱宗族里的人，对外周恤姻亲故旧，每天于所有的事情尽心，勤劳有余，好像不知自身的尊贵。杨尚书担任浙江布政使官职之后，陈氏才跟随他到官府衙门居住，努力追求促成丈夫良好的品德。碰到有需施舍给别人的事，她就首先处理；碰到有需辛苦的事，她就与丈夫一起承担。尤其是严格督教儿子，对他们说："做官人家的子弟如果散漫奢靡的习气深重，就足以丧失志趣。你们的父亲为国家做事，没有空闲时间来过问、管教你们，教导你们就是我做母亲的分内事。"所以，到了陈氏去世之后，她的丈夫感到失去了一个重要助手；亲朋故友、靠陈氏关照为生的人也感到失去了依靠；家中那些做事的仆人，以及奴婢和地位低贱的人，也都感到失去了主事的人。

黎培敬母宋氏家训

【训主简介】

宋氏系湖南湘潭县人，其父宋铭笏为读书人，她受其影响，稍知诗书礼仪。宋氏嫁到黎家只八年其夫就去世了，留下三个儿子，最小的才八个月。她的丈夫又没有兄弟，祖母和公公婆婆都在人世。宋氏上要照顾两辈老人，下要抚育三个儿子，艰难困苦可想而知。但她意志坚强，咬牙克服一切困难，最终教子有成。

吾在一日则尽吾教子之责

 原文

孺人仰事俯育①，克俭克勤，常啜泣寝室②，而愉色易辞，上堂问起居③，使祖姑④、舅姑忘其子之死⑤。舅殁⑥，祖姑殁，更与其姑相守，养遂其诚，葬安其礼，宗族称能。而自其舅殁，诸伯叔以孺人茕然婺也⑦，稍稍侵削之⑧。器用财贿，求取纷呶⑨。先世藏端溪石砚，甚良，从兄某欲强得之⑩。孺人正色曰："儿辈读书，遗砚幸愿终守，他物惟所取耳。"某惭而退。会岁饥，诸从质求鬻⑪，昂其值，持不决。孺人曰："某长者，贫乏可念。祖宗遗业，当于我任之。"……诸子既长，就学，家事从委，不使知。曰："无以纷其心。"同居兄弟为摴蒱⑫，窃往窥之⑬。孺人诃责甚厉。有从姑从容言⑭："儿辈幸成立，盍少宽之⑮？且令居外嬉遨⑯，谁禁之也？"孺人泫然曰⑰："此无父之子。吾在一日，

尽吾一日之教，不知其他。"

——节录自《郭嵩焘诗文集》

注释

①孺人：古代贵族、官吏之母或妻的封号。②啜泣：哭泣无声，哽咽悲伤。③上堂：到公公婆婆居室拜见他们。④祖姑：祖母。⑤舅姑：丈夫的父亲和母亲。⑥舅殁：丈夫的父亲死去。⑦茕：孤单；孤独。嫠：寡。⑧侵削：掠夺；侵吞。⑨纷呶：多而杂乱。⑩从兄：堂兄。⑪求鬻：求卖。⑫摴蒲：同"樗蒲"，古代一种游戏，像后世的掷骰子。⑬窃：偷偷；小心谨慎。窥：暗中察看。⑭从姑：父亲的堂姊妹。⑮盍：何不。⑯嬉遨：玩耍游荡。⑰泫然：眼泪滴下的样子。

译文

黎培敬的母亲侍奉长辈，抚育儿辈，克俭克勤，常常在寝室暗自哭泣，而在家人面前却和颜悦色，言词爽利，上堂问长辈起居安否，使祖母和公公婆婆忘掉失孙、失子的痛苦。公公死，祖母死，她就更加与婆婆亲密相处，处处以一片至诚之心赡养照顾，婆婆死后又按照礼俗进行安葬，宗族里的人都称颂她的贤能。而自从公公死后，各位伯伯、叔叔以为宋氏孤单寡弱可欺，企图对她的家产予以掠夺侵吞。对于器用财物，不断求取。前辈留下一端溪石砚，质量优良，丈夫的一位堂兄想强占为己有。宋氏正色对他说："因为儿辈读书，祖宗遗留下来的这个砚池我希望能够最终保存下来，其他财物你尽管拿走。"这位堂兄感到惭愧而离去。到了饥荒年间，宗族中的人都想把田产抵押，以求卖出去，抬高其价值，为此而争论不休，久久不能做出决断。宋氏表态说："有一个年长的

人，贫乏潦倒值得可怜。祖宗遗留下来的家业，应当由我来继任。"……几个儿子年岁长大，就学读书，家务方面的事情，她一概不分派给他们，也不让他们知道，对他们说："不想因家事纷扰你们的心志。"住在一个房子内的堂兄弟做游戏，儿子们去偷看。宋氏很严厉地责备了他们。有一个堂姊妹不慌不忙地对宋氏说："你的儿子们有幸成人，为什么不对他们放宽管教？如果让他们居住在外边，他们要玩游戏，谁又能去禁止他们？"宋氏流着眼泪说："他们是没有父亲的孩子。我在世上一天，就要尽到一天的责任，其他方面我一概不过问。"

曾广钧母郭筠家训

【训主简介】

郭筠（公元1847—1916年），字诵芬，湖北蕲水人。其父郭沛霖是道光十六年进士；其夫曾纪鸿系曾国藩第二个儿子。郭氏生长在书香门第、官宦之家，自幼接受过较为严格的家学教育，能诗会文。丈夫曾纪鸿于1881年病逝时，她只有三十四岁，身边有四个儿子和一个女儿，大的仅十五岁。她毅然担当起主持家务、抚育儿女的重任，尤其是在婆婆欧阳氏去世后，加上夫兄曾纪泽及嫂嫂刘氏出使英、法、俄等国达八年之久，此后也一直未回过富厚堂。她实际上充当了富厚堂曾家的内政主持人。郭筠谨守曾国藩手订"八本""八诀"等家训和治家原则，随着时势的变易加以发展创新，订有"曾富厚堂日程"等家训文字，循循诱导儿孙辈延续曾氏家训之遗风，并且获得了极大的成功。

曾富厚堂日程六则

原文

一、男女皆应知习一样手艺；二、男女皆应有独自一人出门之才识；三、男女皆应知俭朴，每月所入必敷每月所出，人人自立一账簿，写算不错；四、男女皆应侠义成性，不要行为有亏；五、男女皆应抱至公无私的心肠，外侮自不能入，而自强不求自至矣；六、我家行之，一乡风化①，则强国之根，基于此矣。

——节录自赵世荣著《女杰之乡——荷叶纪事》

注释

①风化：风尚教化。

译文

一、不管是男的还是女的，都应该学习一门手艺；二、不管是男的还是女的，都应该具备外出谋生的能力；三、不管是男的还是女的，都应该勤俭节约，人人应该建立一个账簿，准确记录自己的支出与收入；四、不管是男的还是女的，应该有侠义心肠，不要做亏良心的事；五、不管是男的还是女的，都应该有大公无私的精神，只有这样才能抵御外部的欺侮，从而让自己变得更强大；六、我们一家要有良好的家风，继而会形成一个区域的良好风尚，好的道德风尚是国家强盛的根基。

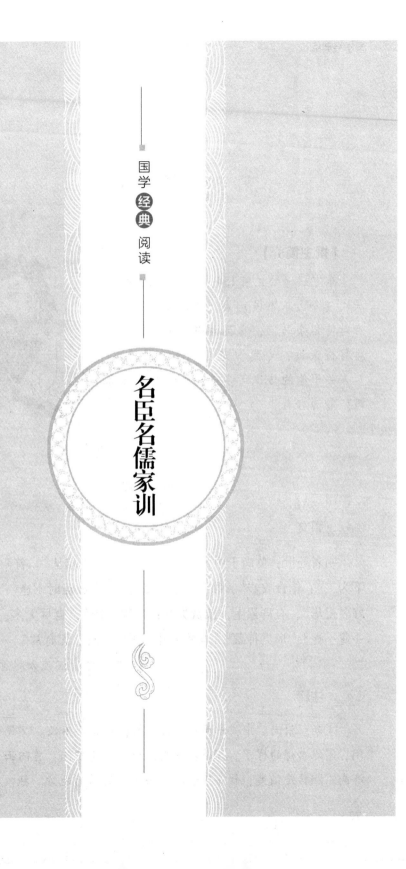

国学 **经典** 阅读

名臣名儒家训

东方朔家训

【撰主简介】

东方朔（公元前154—前93年），平原厌次（今山东惠民）人。西汉文学家。武帝时侍诏金马门，官至太中大夫。以奇计俳辞得亲近，为武帝宠臣。性诙谐滑稽，后人关于他的传说很多。善辞赋，《答客难》较为有名。

诫子诗

原文

明者处世，莫尚于中①；优哉游哉②，于道相从③。首阳为拙④，柱下为工⑤；饱食安步⑥，以仕代农；依隐玩世⑦，诡时不逢⑧；才尽身危，好名得华⑨；有群累生，孤贵失和；遗俭不匮⑩，自尽无多；圣人之道，一龙一蛇⑪；形见神藏⑫，与物变化；随时之宜，无有常家。

——节录自《汉魏六朝百三名家集》

注释

①尚：崇尚。中：中庸；不偏不倚；无过无不及。②优哉游哉：悠闲；闲暇自得的样子。③道：法则；规律。④首阳：首阳山。在山西永济南。相传是伯夷、叔齐不食周粟而采薇隐居的地方。拙：笨拙。⑤柱

下：官名。老子曾为周柱下史。后因以柱下为老子或老子《道德经》的代称。工：精明。⑥安步：缓缓步行。⑦依隐：若即若离。玩世：放逸不羁，以不严肃的态度对待生活。⑧诡时：违反时势而直言进谏。不逢：不迎合。⑨华：浮华。⑩匮：缺乏；不足。⑪龙、蛇：比喻隐匿、退隐。《易·系辞下》："龙蛇之蛰，以存身电。"⑫见："现"的古字。显露。

译文

聪明人处世，没有不崇尚不偏不倚、无过无不及的中庸之道的，悠闲自得地遵循自然规律而生活。伯夷、叔齐隐居首阳山，不食周粟而死，只是一种笨拙的表现；老子为周柱下史，隐居在市朝之中而终身无害，这才是聪明的行为。吃饱了饭，缓缓步行，以做官来代替务农。若即若离，玩世不恭，违反时势而直言进谏的人，是得不到好机遇的。才华耗尽导致的是自身危亡；爱好虚名，得到的只是浮华。和人群一起生活，连累了自身；孤芳自赏，又失去了与人相处的和谐。留给后世的物质不缺乏，自己尽量不要太多。圣人处世的方法是得意时就大显身手，不得意时就避匿隐居，以保全自身。他们的形体虽然有时如蛇一样显露在外面，然而其精神又犹如蛟龙一般隐藏起来，随万物一起变化。他们随时机择地而居，没有固定的家室。

班固家训

【撰主简介】

班固（公元 32—92 年），字孟坚。扶风安陵（今陕西咸阳东北）人。东汉史学家、文学家。父彪撰《汉书》未成，卒后，固谋继父业，被人告发私改国史，系京兆狱。弟超为他上书力辩，获释。明帝诏为兰台令史，转迁为郎，典校秘书，奉诏完成其父所著书。自永平中受诏，至章帝建初中，前后历二十余年，修成《汉书》。文辞渊雅，叙事详赡。继司马迁之后，继承了纪传体史书的形式，并开创了"包举一代"的断代史体例。惜书未成而卒，八表及《天文志》稿本散乱，由其妹昭和马融兄续奉和帝命续修完成。善作赋，有《两都赋》等。又著有《白虎通义》，记录章帝诏集儒生博士在白虎观讨论五经同异的结果。永元元年（公元 89 年），大将军窦宪出征匈奴，以固为中护军。后宪因擅权被杀，他受牵连，死于狱中。明人张溥辑有《班兰台集》。

艺由己立

原文

得伯章书稿①，势殊工，知识读之②，莫不叹息③。实亦艺由己立，名自人成。

——节录自《汉魏六朝百三名家集》

注释

①伯章：徐干，字伯章。汉扶风平陵（今陕西咸阳西北）人。官至班超军司马。善章草，固与超书称之。②知识：相知；相识。③叹息：赞叹。

译文

我得到徐伯章的书稿，其字体笔势工巧，熟悉的人读了它，没有谁不表示赞叹。这实在可以说明：才能和技艺靠自己去建立，名声和荣誉在于别人的促成。

孔融家训

【撰主简介】

孔融（公元 153—208 年），字文举。鲁国（今山东曲阜）人。东汉末文学家。曾任北海相，时称孔北海。曾参与镇压农民起义，屡为黄巾军所败。后官至太中大夫。为人恃才负气，但好士，善文章，与王粲、刘桢、阮瑀、陈琳、应场、徐干并称"建安七子"。所作散文锋利简洁，多讥讽之辞。自恃高门世族，对曹操多所非议，后触怒曹操而被杀。又能诗。原有集，已散佚，明人张溥辑有《孔北海集》。

终生学习好处多

原文

知晚节豫学①，既美大弟困而能寤②，又合先君加我之义③。岂惟仁弟，实专承之④，凡我宗族，犹或赖焉⑤。

——节录自《汉魏六朝百三名家集》

注释

①晚节：晚年。豫：通"预"。②美：赞美。大弟：对年轻朋友的敬称。困：困惑。寤：通"悟"，觉悟、醒悟。③先君：祖先。加：任。④承：承受；继承。⑤犹：还。或：句中语气词，加强肯定语气。

译文

你知道在晚年之前刻苦学习，我赞赏你这种虽然感到困惑但却能醒悟的态度，这又符合祖先交付与我的责任。不只是仁弟你一个人继承了这种学习的好处，凡是我们同族的人都要依赖于它啊！

临终诫子诗

原文

言多令事败，器漏苦不密①。河溃蚁孔端②，山坏由猿冗③。涓涓江汉流④。天窗通冥室⑤。谗邪害公正⑥，浮云翳白日⑦。靡辞无忠诚⑧，华繁竟不实。人有两三心，安能合为一⑨？三人成市虎⑩，浸渍解胶漆⑪。生存多所虑，长寝万事息。

——节录自《汉魏六朝百三名家集》

注释

①器：用具。这里指容器。密：严密。②端：开始。③冗：繁杂；庸劣。④涓涓：细水慢流的样子。江：长江。汉：汉水。⑤天窗：设在屋顶上用以采光或通风的窗。冥室：暗室。冥，昏暗。⑥谗：说别人的坏话。邪：不正派。⑦翳：遮蔽。⑧靡辞：华丽的言辞。⑨安：岂；怎么。⑩三人成市虎：《国策·魏策》中，"夫市之无虎明矣，然而三人言而成虎"。《淮南子·说山训》中，"三人成市虎"。谓有三个人谎报市上有虎，听者就信以为真。比喻说的人一多，就能使人以假为真。⑪浸渍：浸泡。解：解除。

译文

言语多了会导致事情失败，容器漏水是由于它不严密。河堤溃决从蚂蚁在堤上筑穴开始，山陵崩坏从猿猴逃散可以看出。缓缓细流可汇成长江、汉水，明亮的天窗可把幽深的暗室照亮。说别人坏话和行为不正派会危害公正，漂浮的云彩能遮蔽天空的太阳。华丽的言辞不会有丝毫的诚意，外表华丽纷繁不会有实质的内容。几个人有几条心，又怎能把它们合在一起？有三个人谎报市上有虎，听者也就信以为真；胶漆长期浸泡在水里，也会解脱掉的。一个人活在世上，所忧虑的事情实在太多；只有长眠不醒，才会对万事毫无知觉。

颜之推家训

【撰主简介】

颜之推（公元531—591年），字介。琅琊临沂（今山东临沂）人。北齐文学家。曾任南梁散骑侍郎、北齐黄门侍郎、北周御史上士、隋学士等。著有文集三十卷，《颜氏家训》二十篇。以《家训》最有名，对后世的影响颇为深远。内容涉及社会生活的各个方面，对子弟如何立身处世，调整家庭内部关系提出了具体的要求。

整肃家风为齐家之本

原文

夫圣贤之书，教人诚孝^①，慎言检迹，立身扬名，亦已备矣。魏晋以来，所著诸子，理重事复，递相模敩^②，犹屋下架屋，床上施床耳。

吾今所以复为此者，非敢轨物范世也，业以整齐门内，提撕子孙③。夫同言而信，信其所亲，同命而行，行其所服。禁童子之暴谑，则师友之诚，不如傅婢之指挥④；止凡人之斗阋⑤，则尧舜之道⑥，不如寡妻之诲谕⑦。吾望此书。为汝曹之所信⑧，犹贤于傅婢寡妻耳⑨。

吾家风教，素为整密，昔在龆龀⑩，便蒙诲诱，每从两兄，晓夕温清⑪，规行矩步，安辞定色，锵锵翼翼⑫，若朝严君焉⑬，赐以优言，问所好尚，励短引长，莫不恳笃。年始九岁，便丁荼蓼⑭，家涂离散，百口索然。慈兄鞠养⑮，苦辛备至，有仁无威，导示不切，虽读《礼》《传》⑯，微爱属文，颇为凡人所陶染，肆欲轻言，不修边幅。年十八九，少知砥砺⑰，习若自然，卒难洗荡⑱。二十以后，大过稀焉，每常心共口敌，性与情竞。夜觉晓非，今悔昨失。自怜无教，以至于斯，追思平昔之指，铭肌镂骨，非徒古书之诫，经目过耳。故留此二十篇，以为汝曹后范耳⑲。

——节录自《颜氏家训》

注释

①诚孝：即忠孝。隋人避文帝之父杨忠讳，改忠为"诚"。②敩（xiào）：同"效"。③提撕：提其耳而训之。④傅婢：侍婢。⑤斗阋：争吵；争斗。⑥尧舜：均为传说中的上古帝王名。⑦寡妻：嫡妻。⑧汝曹：你们。⑨犹：还。耳：罢了。⑩龆龀（tiáo chèn）：指童年。⑪温清：冬温而夏清，冬天关心其御寒，夏天关心其纳凉。⑫锵锵翼翼：毕恭毕敬的样子。⑬若：如；好像。朝：朝拜；朝见。⑭荼蓼：苦菜，喻指丧失父母。⑮鞠养：抚养；养育。⑯《礼》：指《礼记》。《传》：指《左传》。均为古代儒家典籍。⑰砥砺：磨炼。⑱洗荡：清除。⑲范：行为；准则。

译文

圣贤的书，教育人们要忠于国家，孝顺父母，做到言语谨慎，行为检点，立身扬名，内容已十分详备。魏晋以来，人们所写的各种著作，内容重复，相互模仿和抄袭，很像屋下建屋，床上架床。我今天之所以再写这本书，并不是想要示于天下，而是要整肃家风，并以此提醒子孙注意。同样的话要让人们相信，人们最相信的是与他亲近的人；同样的命令要让人们照办，人们最愿意听从他所佩服的人。要制止小孩们喧哗吵闹，老师的训诫还不如侍婢的呼唤效果好；制止一般人的争斗，讲尧舜那些贤明君主如何如何的大道理还不如妻子的规劝作用大。我希望这本书能够被你们所接受，我的话总比侍婢和妻子要高明一点儿吧。

我们家的家风家教，从来就是很严格的。我在童年的时候，就受到了良好的教育。常常跟着两个哥哥早晚向父母问候请安，走路规规矩矩，神色安定严肃，动作小心翼翼，就像朝见严厉的君主一样。父母对我们好言劝导，问我们长大后的志向是什么，指出我们的不足，表扬我们的优点，态度十分恳切。年纪才过九岁，我就不幸丧失了父母，家道离散，百余口人的大家庭变得冷冷清清。是仁慈的兄长抚养了我，他们尝尽了艰辛，但他们对我只有慈爱而没有威严，不能对我进行严格的教育。尽管我也读过《礼记》和《左传》这类儒家典籍，也喜欢做文章，然而因受周围那些平庸的人的影响和感染，放纵自己的性情，说话不知轻重，也不注意修饰仪容。到了十八九岁，才稍稍知道磨炼自己的品行，但长期形成的坏习惯，要一时清除则是很难的事情。二十岁以后，大的过失才很少发生，经常做到心与口相斗，性与情相争，夜里发现早上说错了话，今天后悔昨天做错了事，可怜自己从小失去了父母的教诲，才弄成了这个样子。追想起自己过去的人生道路，真有刻骨铭心之痛，不是像读古书上的教训那样，过目即忘的。所以我留下这二十篇家训文字，作为你们后人的行为准则。

对子女不能过于溺爱

原文

吾见世间，无教而有爱，每不能然。饮食运为①，恣其所欲。宜诫翻奖②，应诃反笑③。至有知识，谓法当尔。骄慢已习，方复制之，捶挞至死而无威，忿怒日隆而增怨，逮于成长④，终为败德⑤。孔子云⑥："少成若天性，习惯如自然。"是也。俗谚曰："教妇初来，教儿婴孩。"诚哉斯语⑦！

凡人不能教子女者，亦非欲陷其罪恶，但重于诃怒，伤其颜色，不忍楚挞惨其肌肤耳⑧。当以疾病为谕，安得不用汤药针艾救之哉⑨？又宜思勤督训者，可愿苛虐于骨肉乎⑩？诚不得已也⑪。

王大司马母魏夫人⑫，性甚严正。王在湓城时，为三千人将，年逾四十，少不如意，犹捶挞之，故能成其勋业。梁元帝时⑬，有一学士，聪敏有才，为父所宠，失于教义⑭，一言之是，遍于行路，终年誉之；一行之非，掩藏文饰，冀其自改⑮。年登婚宦⑯，暴慢日滋，竟以言语不择，为周逖抽肠衅鼓云⑰。

父子之严，不可以狎⑱；骨肉之爱，不可以简⑲。简则慈孝不接，狎则怠慢生焉。由命士以上，父子异宫⑳，此不狎之道也。抑搔痒痛，悬衾箧枕此不简之教也㉑。或问曰："陈亢喜闻君子之远其子，何谓也？"对曰："有是也。盖君子之不亲教其子也，《诗》有讽刺之辞㉒，《礼》有嫌疑之戒㉓，《书》有悖乱之事㉔，《春秋》有邪辟之讥㉕，《易》有备物之象㉖：皆非父子之可通言，故不亲授耳。"

人之爱子，罕亦能均㉗，自古至今，此弊多矣。贤俊者自可赏爱，顽鲁者亦当矜怜㉘。有偏宠者，虽欲以厚之，更所以祸之。共叔之死㉙，母实为之；赵王之戮㉚，父实使之。刘表之倾宗覆族㉛，袁绍之地裂兵亡㉜，可为灵龟明鉴也㉝。

齐朝有一士大夫，尝谓吾曰^㉞："我有一儿，年已十七，颇晓书疏，教其鲜卑语及弹琵琶，稍欲通解，以此伏事公卿^㉟，无不宠爱，亦要事也。"吾时俯而不答^㊱。异哉，此人之教子也！若由此业自致卿相，亦不愿汝曹为之。

——节录自《颜氏家训》

注释

①运为：言行。②宜诫翻奖：应告诫的反而奖励。③应诃反笑：应斥责的反而赞赏。④逮：达到；及。⑤败德：道德败坏。⑥孔子：春秋时思想家、教育家，儒学创始人。⑦诚哉斯语：这话很正确。⑧楚挞：拷打。⑨针艾：针灸。⑩苛虐：苛刻虐待。⑪诚：确实；的确。⑫王大司马：南北朝梁人，名僧辩。侯景反，以大都督从湘东王萧绎讨景，累功加太尉。太尉原是西汉后期的大司马，故此处称王僧辩为王大司马。⑬梁元帝：指南北朝时梁朝元帝萧绎。⑭教义：此处指教育方法。⑮冀：希望；凭借。⑯婚宦：结婚、做官。⑰抽肠衅鼓：抽出肠子，以血涂鼓。⑱狎：亲昵。⑲简：简慢。⑳异宫：不同室居住。㉑衾（qīn）：大的被褥。箧（qiè）：箱。大曰箱，小曰箧。㉒《诗》：《诗经》，中国最早的诗歌总集。儒家经典之一。㉓《礼》：《仪礼》，"三礼"之一。㉔《书》：《尚书》，儒家经典之一。㉕《春秋》：儒家经典之一。㉖《易》：《周易》，儒家经典之一。㉗罕：稀少；少见。㉘顽鲁者：钝拙愚笨的人。矜怜：怜惜。㉙共叔：即共叔段。㉚赵王：即赵王如意。㉛刘表：东汉末年人，汉献帝时任荆州刺史，后据有今湖南和湖北的大部分地区，成为当时割据势力之一。刘表病死后，其子刘琮投降曹操。㉜袁绍：东汉末年人。袁绍割据河北，破公孙瓒。后与曹操大战于官渡，兵败，病发而死。㉝灵龟：有灵应的龟兆。㉞尝：曾；曾经。㉟伏事：服侍。㊱吾时俯而不答：我当时低着头没有回答。

译文

我看到世间有些父母，对子女不加教育而一味溺爱，常常不以为然。不论饮食言行，放纵他们的欲望。本来应该告诫的反而给予奖励，本来应该斥责的反而加以赞赏。等到孩子长到知事识理的年龄时，就以为应该这样。直到骄横傲慢已经成为习惯，再来制止，即使把他打死，也没有什么威力了，愤怒渐渐增长而怨恨也会随之增加，待到长大成人，最终还是道德败坏。孔子说过："年幼时养成的习惯，就像天生的一般；长期形成的习惯，好像本来就如此。"就是这个道理。俗话也说过："教育媳妇要从刚过门时就开始，教育子女要从婴儿时就开始。"这话很正确！

凡是不善于教育子女的人，也不是想让子女作恶犯罪，他们只是大声怒斥子女伤其脸面，而不忍鞭打子女伤其肌肤，这是不对的。拿疾病来打个比喻，哪有不用汤药、针灸就能治好病的？再说那些勤于督促和教育子女的人，难道是愿意苛刻虐待亲生骨肉的吗？实在是不得不这样。

王僧辩的母亲魏氏夫人，秉性很严正。王僧辩在溢城时，是统帅三千人的将领，年纪已经四十多岁了，稍不如意，还要挨打，因而他能够建立功勋。与之相反，梁元帝萧绎时，有个学士十分聪敏且颇有才华，为父亲所宠爱，但他父亲不懂教育方法。一句话说得好，就到处传播、终年夸耀；做错了一件事，却百般掩饰，希望他自己改正。成年成婚、为官以后，一天比一天暴虐傲慢，终于因说话不慎，得罪了周逖，被周逖杀害，并被抽出肠子、以血涂鼓。

父子之间要严肃，不可过于亲昵；疼爱骨肉，不可过于不拘礼节。不拘礼节就不能做到父慈子孝；过于亲昵就会产生怠慢而得不到尊重。从有身份的读书人往上数，他们父子之间都是分室居住的，就是使其不过于亲昵的方法。儿子为父母搔痒抑痛，收拾床铺，就是使其不至于怠慢的教育方法。有人问道："陈亢听到君子疏远他的子女，感到高兴，怎么解释呢？"回答说："是这样的，这是因为君子不亲自教其子的。《诗经》里有讽刺的词句，《仪礼》中有避嫌的告诫，《尚书》中记有荒谬违礼之事，《春秋》中有对不正当行为的讥讽，《易经》中有备物致用的象征。这些都不是父子之间可以通言的，所以就'不亲自讲授'了。"

世人对子女的爱，也很少能做到均平的。从古到今，这方面的弊病太多了。子女贤德聪明的固然应该赏识爱护，就是钝拙愚笨也应当怜惜。偏爱娇宠子女的人，主观上是想厚爱他，其实是害了他。比如共叔段之死，实际上就是他母亲造成的；赵王如意的被害，实际上也是他父亲造成的；刘表宗族的覆灭，袁绍地失兵败，都可作为镜子。

齐朝有一个士大夫曾经对我说："我有一个儿子，年纪已经十七岁了，会写书信奏疏，又教他学鲜卑语和弹琵琶，刚刚有些通晓，靠这个本事去服侍公卿，没有不受到宠爱的，这也是很重要的事情啊！"我当时低着头没有回答。真是奇怪！这个士大夫竟这样去教育儿子！就算靠这条门路能当上卿相，我也不愿你们去干这种事！

兄弟之间应有至亲至爱之情

原文

夫有人民而后有夫妇①，有夫妇而后有父子，有父子而后有兄弟。一家之亲，此三而已矣。自兹以往，至于九族②，皆本于三亲焉。故于人伦为重者也③，不可不笃④。

兄弟者，分形连气之人也⑤。方其幼也，父母左提右挈，前襟后裾⑥，食则同案，衣则传服，学则连业⑦，游则共方，虽有悖乱之人⑧，不能不爱也。及其壮也，各妻其妻，各子其子，虽有笃厚之人，不能不少衰败。娣姒之比兄弟⑨，则疏薄矣。今使疏薄之人而节量亲厚之恩，犹方底而圆盖，必不合矣。唯友悌深至，不为旁人之所移者免夫！

二亲既殁⑩，兄弟相顾，当如形之与影，声之与响。爱先人之遗体，惜己身之分气，非兄弟何念哉！兄弟之际，异于他人，望深则易怨，地亲则易弭⑪。譬犹居室，一穴则窒之，一隙则涂之，则无颓毁之虑。如雀鼠之不恤，风雨之不防，壁陷楹沦，无可救矣。仆妾之为雀鼠，妻子之为风雨，甚哉！

兄弟不睦，则子侄不爱；子侄不爱，则群从疏薄⑫；群从疏薄，僮仆为仇敌矣。如此则行路皆踏其面而蹈其心⑬，谁救之哉！人或交天下之士，皆有欢爱，而失敬于兄者，何其能多不能少也。人或将数万之师，得其死力。而失恩于弟者，何其能疏而不能亲也。

娣姒者，多争之地也。使骨肉居之，亦不若各归四海，感霜露而相思，伫日月之相望也⑭。况以行路之人，处多争之地，能无间者鲜矣。所以然者，以其当公务而执私情，处重责而怀薄义也。若能恕己而行，换子而抚，则此患不生矣。

人之事兄不可同于事父，何怨爱弟不及爱子乎！是反照而不明也。沛国刘琎尝与兄瓛连栋隔壁⑮，瓛呼数声不应，良久方答。瓛怪问之。乃云向来未着衣帽故也。以此事兄，可以免矣。

江陵王玄绍⑯，弟孝英、子敏，兄弟三人，特相爱友，所得甘旨新异⑰，非共聚食必不先尝，孜孜色貌⑱，相见如不足者。及西台陷没⑲，玄绍以形体魁梧为兵所围，二弟争共抱持，各求代死，终不得解，遂并命尔⑳。

——节录自《颜氏家训》

注释

①夫：助词，用在一句话的开始。②九族：指自己上至高祖，下及玄孙的亲属。③人伦：人与人之间的等级和尊卑长幼关系。④笃：忠实；看重。⑤分形连气：比喻兄弟之间密切的血缘关系。⑥襟：衣服的前幅。裾：衣袖。⑦连业：共用书籍。业，古时用于书写的木片。⑧悖：违背道理；违反；相反。⑨娣姒（sì）：妯娌，长者为姒，幼者为娣。⑩殁（mò）：死，也作"没"。⑪弭：平息；消灭。⑫群从：同族之人。⑬蹈（jí）：践踏。⑭伫：伫立。⑮沛国：指南朝沛郡相（今安徽濉溪）。刘琎：南朝齐儒学者刘瓛的弟弟。⑯江陵：古县名，属湖北省。春秋楚郢都。⑰甘旨：美味的食物。⑱孜孜：勤勉。⑲西台：即江陵，公元554年，西魏破江陵，杀梁元帝。⑳并命：即同生共死之义。命，命运。

译文

有了人类而后才有夫妇，有了夫妇而后才有父子，有了父子而后才有兄弟。所谓一家之亲，就是这三种情况。从这种关系追溯到九族，都起源于这三种情况。所以这在人的各种关系中是最重要的，感情不可以不深厚。

兄弟，是同一父母所生的人。他们幼小的时候都依附在父母的身边，大家都同在一个几案上吃饭，穿衣是哥哥穿过后传给弟弟，读书时用同一本书籍，游玩也去同一个地方，即使兄弟之间意见或行为相违背，也不会不互相友爱。成年以后，各人有了自己的妻子儿女，即使是很重感情的人，对兄弟的感情也不能不受其影响。妯娌与兄弟比起来，关系要疏远得多，由关系疏远的人来控制关系亲厚的人的感情，就像方形的容器加圆形的盖一样，必定不能契合。只有友爱之情特别深厚的人，不受别人影响的人才不会改变。

父母亡故之后，兄弟之间相互关照，应当像形与影相随，声音与回声相连一样。爱护同胞骨肉，除了兄弟还有谁会挂念呢？兄弟之间，与别人不一样，因为相互间的期望太深，就容易产生埋怨的情绪；因为住在一起，有了隔阂也容易消除。就像房屋一样，有一个洞就必须塞住它，有一条缝就必须填平它，这样才不会担心它倒塌。如果麻雀和老鼠穿墙做穴，也不加留意；风雨侵蚀，也不做防备，一旦墙倒了，就没法补救了。奴仆侍妾就像雀鼠一样，妻子儿女就像风雨一样，甚至更加厉害。

兄弟之间不和睦，侄子侄女就不会亲近；侄子侄女不亲近，那么同族的人就关系疏远，感情淡薄；关系疏远，感情淡薄，那么家中的奴仆也就像仇敌一样了。如果这样，外人就会任意欺侮你，到那时又有谁会来救助你呢？有的人在社会上能够广交朋友且情深义厚，而偏偏对兄弟不敬重，他为什么能够对多数人友爱而不能够对少数亲人友爱呢？有的人能统率千军万马并且爱护部属，使他们为自己尽忠效力，而唯独对自己的兄弟缺乏关爱之情，他为什么能够对疏者友爱而不能对亲者友爱呢？

即使是同胞姊妹，让她们成为妯娌住在一起，也不如让她们远嫁各地，这样她们反而会因感受霜露的降临而相互思念，仰观日月的运行而彼此遥相盼望。何况妯娌本来就是陌路之人，处在容易闹纠纷的环境里，彼此之间能够不产生嫌隙的，就非常少了。之所以能这样，主要是因为大家面对家庭中的集体事务时却出以私情，肩负重大的家庭责任却心怀个人的区区恩义。如果她们都能够本着仁爱之心行事，把别人的孩子当成自己的孩子那样加以爱抚，则这种弊端就不会产生了。

有的人不愿意像对待父亲那样去敬重兄长，怎么能抱怨兄长不肯像爱护儿子那样去爱护弟弟呢？因此，兄弟之间的情谊应当是相互并行的。沛国的刘琎曾与哥哥刘瓛住在同一栋房子里相邻的两间，一次，刘瓛呼唤刘琎好几声没有回应，过了好久才听到回答。刘瓛感到很奇怪，问刘琎为什么这样。刘琎回答说，刚才自己还没有穿戴好衣帽。像刘琎这样有礼貌地敬重兄长，世上就不会出现兄弟不和的情况了。

江陵的王玄绍和弟弟王孝英、王子敏，弟兄三人特别友爱，如果得到什么美味和新鲜的食物，弟兄三人不到齐，就没有一个人会先吃。看到他们殷切盼望的样子，好像相聚得不够似的。到了江陵城陷落时，因为哥哥玄绍的身体非常魁梧，被西魏的士兵包围，两个弟弟争着一起抱住他，都要求代他而死，结果未能解救，于是兄弟三人都丧了命。

治家贵重章法

原文

夫风化者①，自上而行于下者也，自先而施于后者也。是以父不慈则子不孝，兄不友则弟不恭，夫不义则妇不顺矣。父慈而子逆，兄友而弟傲，夫义而妇陵②，则天之凶民，乃刑戮之所摄③，非训导之所移也。笞怒废于家④，则竖子之过立见⑤；刑罚不中，则民无所措手足。治家之宽猛亦犹国焉⑥。

子曰⑦："奢则不逊，俭则固⑧，与其不逊也，宁固。"又云："虽有周公之才之美，使骄且吝，其余不足观也已。"然则可俭而不可吝已。俭者，省约为礼之谓也；吝者，穷急不恤之谓也。今有奢则施，俭则吝，如能施而不奢，俭而不吝可矣。

生民之本，要当稼穑而食⑨，桑麻而衣。蔬果之蓄，园场之所产；鸡豚之善⑩，塒圈之所生⑪。爰及栋宇⑫、器械、樵苏、脂烛，莫非种殖之物也。至能守其业者，闭门而为生之具以足，但家无盐井耳。今北土风俗，率能躬俭节用以赡衣食；江南奢侈，多不逮焉⑬。

梁孝元世⑭，有中书舍人治家失度而过严刻⑮，妻妾遂共货刺客伺醉而杀之⑯。世间名士，但务宽仁。至于饮食饷馈⑰、僮仆减省，施惠然诺。妻子节量。狎侮宾客，侵耗乡党，此亦为家之巨蠹矣⑱。齐吏部侍郎房文烈未尝嗔怒⑲，经霖雨绝粮，遣婢籴米⑳，因尔逃窜，三四许日方复擒之。房徐曰："举家无食，汝何处来？"竟无捶挞㉑。尝寄人宅，奴婢撤屋为薪略尽，闻之颦蹙㉒，卒无一言。裴子野有疏亲故属饥寒不能自济者，皆牧养之。家素清贫，时逢水旱，二石米为薄粥，仅得遍焉。躬自同之，常无厌色。邺下有一领军㉓，贪积已甚，家童八百，誓满千人。朝夕肴膳㉔，以十五钱为率，遇有客旅，便无以兼。后坐事伏法，籍其家产，麻鞋一屋，弊衣数库，其余财宝不可胜言。南阳有人，为生奥博㉕，性殊俭吝。冬至后女婿谒之，乃设一铜瓯酒㉖，数脔獐肉㉗。婿恨其单率，一举尽之。主人愕然，俛仰命益㉘，如此者再。退而责其女曰："某郎好酒，故汝尝贫。"及其死后，诸子争财，兄遂杀弟㉙。

妇主中馈㉚，唯事酒食衣服之礼耳，国不可使预政，家不可使干蛊㉛。如有聪明才智，识达古今，正当辅佐君子㉜，助其不足，必无牝鸡晨鸣㉝，以致祸也。江东妇女，略无交游，其婚姻之家，或十数年间未相识者，唯以信命赠遗致殷勤焉。邺下风俗，专以妇持门户，争讼曲直，造请逢迎。车乘填街衢㉞，绮罗盈府寺，代子求官，为夫诉屈。此乃恒、代之遗风乎？……妇人之性，率宠子婿而虐儿妇，宠婿则兄弟之怨生焉，虐妇则姐妹之谗行焉㉟。然而女之行留皆得罪于其家者，母实为之。至有谚云："落索阿姑飧㊱。"此其相报也。家之常弊，可不诚哉！婚姻素对㊲，靖侯成规㊳，近世嫁娶，遂有卖女纳财，买妇输绢，比量父祖，计较锱铢㊴，责多还少，市井无异㊵，或猥婿在门㊶，或傲妇擅室。贪荣求利，反招羞耻，可不慎欤㊷？

借人典籍，皆须爱护，先有缺坏，就为补治，此亦士大夫百行之一也。济阳江禄，读书未竟，虽有急速，必待装束整齐，然后得起，故无损败，人不厌其求假焉。或有狼籍几案，分散部秩，多为童幼婢妾之所点污，风雨虫鼠之所毁伤，实为累德。吾每读圣人之书，未尝不肃敬对之㊸，其故纸有《五经》词义及贤达姓名㊹，不敢秽用也㊺。

吾家巫觋祷请㊻，绝于言议，符书章醮㊼，亦无祈焉㊽，并汝曹所见也㊾。勿妖妄之费㊿。

——节录自《颜氏家训》

注释

①夫：助词，用在一句话的开始。②陵：同"凌"。侵犯；欺侮；傲慢。③摄：代理。④笞：用鞭、杖或竹板子打。⑤竖子：小子；童仆。⑥犹：还；如同。⑦子：指孔子。⑧固：意为简陋寒酸。⑨稼穑：农事的总称。⑩豚：小猪。⑪坶（shí）：在墙上凿的鸡窝。⑫爰：何处；哪里。⑬逮：到；及。⑭梁孝元世：即南朝皇帝梁元帝萧绎。⑮中书舍人：官名。中书省的属官。往往参与朝政，代行宰相职务。⑯货：买通。⑰饷馈：以食物送人或款待客人。⑱蠹（dù）：蛀虫；害虫。⑲吏部：旧官制六部之一，主管官吏任免等事务。嗔：生气，对人不满。⑳籴（dí）：购买粮食。㉑捶挞：责打。㉒颦蹙：皱眉，不高兴的样子。㉓邺下：古地名。㉔肴：鱼肉等荤菜。㉕为生奥博：很会营生；财路很广。㉖瓯酒：茶瓯里的酒。㉗脔（luán）：切成小片的肉。㉘俛仰：俛，同"俯"。俯仰，比喻时间短暂。㉙遂：于是；就。㉚主中馈：主持烹调饮食。㉛干蛊：干，犯；蛊，诱惑。干蛊，犯诱惑。㉜君子：君主；具有高尚道德品质的人。㉝牝鸡晨鸣：旧时把妇女当家比作"牝鸡司晨"。㉞衢：大道。㉟谮：在别人面前说某人的坏话。㊱飧：晚饭。

㊲婚姻素对：寒素的家族互相结亲，不攀势家显族。㊳成规：现成的规矩。㊴锱铢：指很少的钱或很小的事。㊵市井：比喻小人。㊶猥：卑鄙；下流。㊷欤：古汉语助词，表示疑问。㊸尝：曾；曾经。㊹《五经》：即《诗》《书》《礼》《易》《春秋》。㊺秽：肮脏；污秽。㊻觋（xí）：男巫师。㊼醮（jiào）：古代结婚时用酒祭神的礼仪。章醮：道士祷神的一种仪式。㊽祈：请求；希望；祈盼。㊾汝曹：你们；你们这些人。㊿勿：不；不要。

译文

　　教育感化这件事，是从上到下推行的，也是从前人影响到后人的。所以，父亲不慈爱，儿子就不会孝顺；兄长不友爱，弟弟就不会恭敬；丈夫不讲情谊，妻子就不会柔顺。如果父亲慈爱而儿子忤逆，兄长友爱而弟弟傲慢，丈夫讲情谊而妻子凶横，那么这样的人就是天生凶暴的人，必须由刑法来予以制裁，不是教育开导所能够改变的。责罚不用于家庭，小孩子们马上就会有过失；国家的刑法不恰当，老百姓就不知道怎么办才好。治理家庭的宽和严，也与治理国家差不多。

　　古代大思想家孔子说："奢侈往往会变得不谦逊，节俭常常使人显得简陋而寒酸。与其不谦逊，倒不如简陋寒酸一点儿好。"又说："即使有周公那样好的才能，假如既骄傲又吝啬，这个人其他方面的优点再多也是不可取的。"因此，应该节俭而不可以吝啬。节俭，是说节约而符合礼法；吝啬，是指对别人的穷苦急难无动于衷，没有怜惜之情。现在的人，大方的免不了奢侈，节俭的又必定吝啬。如果一个人能够做到大方而不奢侈，节俭而不吝啬，那就好了。

　　人们生活在世上的根本，应当靠种出庄稼才能有饭吃，靠种出桑麻才能有衣穿。蔬菜瓜果，是菜园、果园里出产的；鸡、猪等家畜，是埘圈里饲养出来的。至于造房屋的木料，家中日常用具，柴草、油烛之类必需品，没有一样不是种植出来的东西。能够谨守家业的人，关起庄园的门来，所有的生活用品都能自给自足，只是家中没有盐井罢了。现在北方的风俗，都能够省俭节用，以供给自己的温饱所需；江南风气奢侈，比不上北方节俭。

梁元帝时，有位权势较大的官吏治理家庭失当，过于严厉刻薄，妻妾们就共同收买了一名刺客，趁他酒醉时将他杀死。世上有些名士，一味宽厚仁慈，对于招待客人、赠送礼物、裁减奴仆、接济亲友等事务，都由妻子一人把持控制。其结果常常是怠慢宾客，侵蚀乡邻，这也是家中的一大弊端和祸害。齐朝的吏部侍郎房文烈从来不发怒，由于连续下雨，家中断粮，就派侍婢去购买粮食，侍婢乘机逃跑，过了三四天才被抓回来。房烈文慢慢地对她说："全家人都没有饭吃了，你到哪里去了？"竟然没有责打她。他曾经把房子借给别人居住，奴婢们拆房子当柴烧，差不多把房子上面的木料拆光了，他听说后只是皱皱眉头，一句责怪的话也没有说。裴子野这个人，对疏远的亲戚或过去的部属中陷于饥寒不能养活自己的人，一概都收留下来，供给他们吃的和住的。他的家境素来不富裕，当时遇到水旱灾害，每天用二石米熬成稀粥，每人刚好吃得上一碗罢了。他本人也同大家一样用餐，对此一点儿也不感到厌烦。邺下有一个将军，家里的积蓄已经很多，有奴仆八百人，发誓要达到一千人。一日三餐的费用却不能超过十五文钱，碰到有客人来，就没法应付了。后来他触犯了国法而被处死，在抄没他的家产时发现，光是麻鞋就堆满一间屋子，旧衣服有好几仓库，其他财物珠宝更是数不清。南阳有个人，很会做生意，财路很广，然而，他的性情却十分俭省吝啬。冬天来到后他的女婿去看望他，他只摆出一小碗酒，几小块獐肉招待。女婿怨恨酒菜太少，一下子就吃光了。岳父很难堪，只得勉强再加一点儿酒菜，女婿又一下子吃光，一直加了好几次。事后他责备女儿说："你丈夫太会喝酒了，所以你们才贫困。"等他离开人世之后，几个儿子争夺家产，哥哥竟然把弟弟杀死了。

所谓妇女"主中馈"，指的是她的责任仅仅是烹调饮食、缝制衣服而已。国家不可以让妇女干预政事，家庭也不可以由女人把持家政。如果有的妇女的确有聪明才智，通今博古，那么她就应当成为丈夫的参谋和助手，以弥补丈夫的不足，而绝不可以"牝鸡司晨"，以免给家庭带来祸害。江东妇女在外没有什么交际，相互联姻的两家人，有的十几年了还不相识，只是派人送信或送礼物表示问候之意。邺下的风俗，专门由妇女来主持一家大事，诸如打官司、邀请迎接客人，都由女人出面应付。妇女所坐的车子挤满街道，穿着绫罗绸缎的妇女挤满官府，有的代替儿子求取官职，有的为丈夫诉说冤屈，这大概是恒、代一带遗留下来的风俗吧？……妇女都喜欢女婿而虐待儿媳。宠爱女婿，就会使得儿子产生怨恨；虐待儿媳，就会听信女儿的坏话。然而，女子在婆家也好，在娘家也好，都会得罪家里人，这个后果实际是由母亲造成的。以至有句谚语说："婆婆的饭难吃。"这就是报应。这是一个家庭常有的弊病，难道不应当加以警惕吗！婚姻要讲门当户对，不要高攀显族，这是我们的祖辈留下的规矩。近世的人嫁女娶妇，实际上是卖女收财宝，拿绢帛买媳妇，而且比较父祖官阶的高低，斤斤计较聘礼的多少，讨价还价，分毫不让，这与市井小人没有两样。结果要么招进来的是庸俗下流的女婿，要么娶进来的是一个凶横无理的媳妇。贪图虚荣，追求财利，反而招来羞辱，对此不可不慎啊！

凡是借用别人的书籍，都必须细心爱护，如有损坏，就要马上修补，这也是读书人应该具有的品行之一。济阳的江禄，在读书时如果遇到紧急的事情，也要把书本收拾整理得整整齐齐之后才站起来，所以不会把书损坏，人家也乐意把书借给他。有的人把书放在桌子上摊得乱七八糟，一部分散得七零八落，许多地方被小孩和婢妾弄得很脏，或者被风雨虫鼠损坏，这实在是一种不道德的行为。我每次读圣人的书，从来没有不严肃庄敬地对待的，如果有《五经》上的词句和贤人的姓名，就不敢把它随便放于不洁净的地方。

我们家从来不叫男女巫师来装神弄鬼，也不叫道士来画符祭礼，这些都是你们亲眼看到的，我希望你们不要把钱用在这种没有意义的地方。

为学贵早自立志

原文

自古明王圣帝，犹须勤学①，况凡庶乎②！此事遍于经史，吾亦不能郑重③，聊举近世切要④，以启寤汝耳⑤。士大夫子弟，数岁已上，莫不被教⑥，多者或至《礼》《传》⑦，少者不失《诗》《论》⑧。及至冠婚⑨，体性稍定⑩，因此天机⑪，倍须训诱，有志尚者，遂能磨砺，以就素业⑫；无履立者⑬，自兹堕慢，便为凡人。人生在世，会当有业：农民则计量耕稼，商贾则讨论货贿，工巧则致精器用，伎艺则沉思法术，武夫则惯习弓马，文士则讲议经书。多见士大夫耻涉农商，羞务工伎，射则不能穿札，笔则才记姓名，饱食醉酒，忽忽无事，以此销日，以此终年。或因家世馀绪，得一阶半级，便自为足，全忘修学；及有吉凶大事，议论得失，蒙然张口⑭，如坐云雾；公私宴集，谈古赋诗，塞默低头，欠伸而已。有识旁观，代其入地。何惜数年勤学，长受一生愧辱哉！

梁朝全盛之时，贵游子弟，多无学术，至于谚云："'上车不落'则著作⑮，'体中何如'则秘书⑯。"无不熏衣剃面，傅粉施朱，驾长檐车⑰，跟高齿屐⑱，坐棋子方褥⑲，凭斑丝隐囊⑳，列器玩于左右，从容出入，望若神仙。明经求第㉑，则顾人答策㉒；三九公宴㉓，则假手赋诗。当尔之时㉔，亦快士也。及离乱之后，朝市迁革㉕，铨衡选举㉖，非复曩者之亲㉗；当路秉权㉘，不见昔时之党。求诸身而无所得，施之世而无所用。被褐而丧珠，失皮而露质，兀若枯木，泊若穷流㉙，鹿独戎马之间，转死沟壑之际。当尔之时，诚驽材也㉚。有学艺者，触地而安。自荒乱已来，诸见俘虏。虽百世小人，知读《论语》《孝经》者㉛，尚为人师；虽千载冠冕㉜，不晓书记者㉝，莫不耕田养马。以此观之，安可不自勉耶？若能常保数百卷书，千载终不为小人也。

　　夫明《六经》之指[34]，涉百家之书，纵不能增益德行，敦厉风俗，犹为一艺，得以自资。父兄不可常依，乡国不可常保，一旦流离，无人庇荫，当自求诸身耳。谚曰："积财千万，不如薄伎在身。"伎之易习而可贵者，无过读书也。世人不问愚智，皆欲识人之多，见事之广，而不肯读书，是犹求饱而懒营馔[35]，欲暖而惰裁衣也。夫读书之人，自羲、农已来[36]，宇宙之下，凡识几人，凡见几事？生民之成败好恶，固不足论，天地所不能藏，鬼神所不能隐也。

　　世人但见跨马被甲，长槊强弓，便云我能为将；不知明乎天道[37]，辨乎地利，比量逆顺，鉴达兴亡之妙也[38]。但知承上接下，积财聚谷，便云我能为相；不知敬鬼事神，移风易俗，调节阴阳，荐举贤圣之至也[39]。但知私财不入，公事夙办[40]，便云我能治民；不知诚己刑物，执辔如组[41]，反风灭火[42]，化鸱为凤之术也[43]。但知抱令守律，早刑晚舍[44]，便云我能平狱；不知同辕观罪，分剑追财，假言而奸露，不问而情得之察也。爰及农商工贾[45]，厮役奴隶，钓鱼屠肉，饭牛牧羊，皆有先达[46]，可为师表，博学求之，无不利于事也。

　　夫学者所以求益耳。见人读数十卷书，便自高大，凌忽长者[47]，轻慢同列[48]；人疾之如仇敌，恶之如鸱枭[49]。如此以学自损，不如无学也。

　　古之学者为己，以补不足也；今之学者为人，但能说之也。古之学者为人，行道以利世也；今之学者为己，修身以求进也。夫学者犹种树也，春玩其华[50]，秋登其实[51]。讲论文章，春华也；修身利行，秋实也。

　　人生小幼，精神专利，长成已后，思虑散逸[52]，固须早教，勿失机也。吾七岁时，诵《灵光殿赋》，至于今日，十年一理[53]，犹不遗忘；二十以外，所诵经书，一月废置，便至荒芜矣。然人有坎壈[54]，失于盛年，犹当晚学，不可自弃。孔子云："五十以学《易》[55]，可以无大过矣。"魏武[56]、袁遗[57]，老而弥笃[58]，此皆少学而至老不倦也。曾子七十乃学[59]，名闻天下；荀卿五十[60]，始来游学，犹为硕儒[61]；公孙弘四十馀[62]，方读《春秋》[63]，以此遂登丞相；朱云亦四十[64]，始学《易》《论语》；皇甫谧二十[65]，始受《孝经》《论语》：皆终成大儒，此并早迷而晚寤也。世人婚冠未学，便称迟暮，因循面墙，亦为愚耳。幼而学者，如日出之光；老而学者，如秉烛夜行，犹贤乎瞑目而无见者也。

古人勤学，有握锥投斧⑥，照雪聚萤⑥，锄则带经，牧则编简，亦为勤笃。梁世彭城刘绮⑥，交州刺史勃之孙⑥，早孤家贫，灯烛难办，常买荻尺寸折之，燃明夜读。孝元初出会稽，精选寮采⑦，绮以才华，为国常侍兼记室⑦，殊蒙礼遇，终于金紫光禄⑦。义阳朱詹⑦，世居扬陵，后出扬都，好学，家贫无资，累日不炊，乃时吞纸以实腹。寒无毡被，抱犬而卧。犬亦饥虚，起行盗食，呼之不至，哀声动邻。犹不废业，卒成学士，官至镇南录事参军⑦，为孝元所礼。此乃不可为之事，亦是勤学之一人。东莞臧逢世，年二十馀，欲读班固《汉书》⑦，苦假借不久，乃就姊夫刘缓乞丐客刺书翰纸末⑦，手写一本，军府服其志尚，卒以《汉书》闻⑦。

——节录自《颜氏家训》

注释

①犹：还；尚且。②凡庶：平民百姓。③郑重：此处作"频繁"解。④聊：姑且。切要：至关紧要。⑤寤：醒悟；理解。⑥被教：受教育。⑦《礼》：此处指《三礼》，即《周礼》《仪礼》《礼记》之合称。《传》：此处指《三传》，即《公羊传》《谷梁传》《左传》之合称。⑧《诗》：指儒家经典《诗经》。《论》：指儒家经典《论语》。⑨冠：戴帽。古代男子二十岁行成人礼，结发戴冠。⑩体性：身体发育。⑪天机：天赋的悟性和聪明。⑫素业：清素之业，即儒业。⑬履立：行止；品行。⑭蒙然张口：张口结舌。⑮"上车不落"则著作：坐在车上不跌下来的幼小孩子就可当著作郎。⑯"体中何如"则秘书：只能写些客套话"体中何如"的人当秘书郎。⑰檐：车上伸出的状似屋檐的部分。⑱屐：木屐，底有二齿，以行泥地。⑲褥：坐卧的垫具。⑳隐囊：靠枕。㉑明经：汉代以明经射策取士。㉒顾人：即雇人；请人。㉓三九公宴：为三公九卿举行宴会。三九，即三公九卿。㉔尔：此；这。㉕朝市迁革："朝"与"市"易位，即在朝的人成了平民百姓，平民百姓反倒成了统治者。㉖铨衡选举：铨衡指对在任官员的考核，选举指对于人的选拔。㉗囊

者：往昔；从前。㉘当路：指正在执掌大权的人。㉙泊：浅薄。㉚驽：能力低下的马。比喻才能低下。㉛《孝经》：宣扬封建孝道和孝治思想的儒家经典。㉜冠冕：仕宦的代称。㉝书记：记事的文字，如书籍、书牍、奏记之类。㉞《六经》：六部儒家经典，即《诗》《书》《礼》《易》《春秋》《乐经》。㉟馔：食用；食物。㊱羲、农：伏羲、神农。㊲明乎天道：熟悉天时。㊳鉴达兴亡：通晓历代兴亡。㊴至：重要。㊵夙办：早办。㊶执辔如组：执马缰如丝线般整齐。组，丝带。㊷反风灭火：止风灭火。㊸化鸱为凤：化恶为善。㊹早刑晚舍：早上判刑，晚上释放。㊺爰：何处；哪里；于是。㊻先达：学问德行很好。㊼凌忽：欺凌轻视。㊽轻慢：看不起。㊾鸱（chī）枭：鸱是恶禽，枭是食母的鸟，古人认定这两种鸟都是恶鸟。后来用来比喻奸邪恶人。㊿华：花。

(51)登：收获。实：果实。(52)散逸：分散。(53)十年一理：十年温习一次。(54)坎壈（lǎn）：失意；不得志。(55)《易》：《易经》，儒家经典之一。(56)魏武：指曹操。(57)袁遗：东汉末年人，袁绍从兄。(58)老而弥笃：老来学习更加专注。(59)曾子：即曾参。孔子的学生。(60)荀卿：即荀子，名况。(61)硕儒：大儒。(62)公孙弘：西汉中期人。汉武帝时丞相。(63)《春秋》：儒家经典之一。(64)朱云：西汉末期人。汉成帝称他为直臣。(65)皇甫谧：晋朝初年人。以著述为务。(66)握锥：用锥子刺大腿的苏秦。投斧：投斧挂木以示决心的文党。(67)照雪：映雪读书的孙康。聚萤：用萤光照读的车胤。(68)梁世：梁朝。(69)刺史：古地方官官名。(70)寮采：又称"寮案"，或称"僚案"。(71)常侍：官名。常侍，又称散骑常侍，侍从皇帝左右，常规谏。记室：官名。掌章奏书记文檄。(72)金紫光禄：官名，全称叫金紫光禄大夫。魏晋时设有左、右光禄大夫，为加官、赠官。左右光禄大夫为银印青绶者称银青光禄大夫，其重者诏加金印紫绶就称金紫光禄大夫。(73)朱詹：南朝梁人。好学家贫，遂吞纸以实腹，抱犬而卧以御寒。(74)录事参军：官名。总录众曹文簿，举善劾非。(75)《汉书》：东汉班固撰。中国第一部纪传体断代史。(76)乃：于是；才。刺：名片。(77)闻：闻名。

译文

自古以来的圣明帝王，尚且要勤奋学习，何况平民百姓呢！这样的事普遍见于经书或史书，但我也不能全部弄清楚这些频繁的记载，这里姑且举几件近世至关紧要的事，以启悟你们罢了！士大夫家的子弟，几岁以后，没有不受教育的，课程多者有《三礼》和《三传》，少的也有《诗经》和《论语》。及至成年，身体发育已初步定型，对于他们自身天赋的悟性和聪明，须教育诱导，有志向的通过磨炼而成就儒业；无以自立的人，滋生懒惰与傲慢成为庸人。人生活在世界上，应当各有自己的职业：农民盘算耕种，商人筹谋货财，工匠巧制器具，有技艺的人探索方法技术，武士练习射箭骑马，文人讲论经书。常见一些士大夫耻于务农经商，或不愿从事公务技艺，射箭不能射穿铠甲上用皮革或金属制成的叶片，写字仅能记下自己姓名，每天酒醉饭饱，无所事事，就这样消磨时光，度过了一年又一年。有的因家世留下来一点儿业绩，得了一官半职，便自以为该满足了，于是把学习的事全忘了。碰到吉凶大事，议论事体得失，就张口结舌，如坐云雾中。每逢公私宴集，谈古作诗，只好低着头默不作声，打呵欠而已。旁观者中的有识之士都替他们感到惭愧，恨不得代他们钻入地下。为什么不勤学几年，以免一生长受羞辱呢！

南朝梁代全盛时期，贵家子弟不学无术。以至于当时谚语说："坐在车上不跌下来的小童就可以当著作郎，只能写客套话'体中何如'的人就可以当秘书郎。"他们只知用"熏衣剃面""傅粉施朱"等办法来打扮自己，他们出行时驾长檐车、穿高齿屐鞋；他们坐卧时用的是高级坐卧垫具和高级靠枕；他们玩的都是一般人所没有的珍奇玩具；出出进进大摇大摆，看上去像神仙。他们参加明经考试，就请人代答；朝廷为三公九卿举行宴会，他们就请人作诗，这在当时，确实很快活。可是后来在朝的人成了平民百姓，平民百姓倒成了统治者，在考核政绩与选拔人才的时候，选举用人既不完全是昔日的亲朋，执掌朝政也不完全是昔日的同党。从他们身上找不到什么才能，把他们放到社会上又没有一点儿用处。失去华贵的外表，露出暗劣的本质，呆立着犹如朽株枯木，浅薄得像快干涸的河流，犹如战乱中独鹿跑在戎马中间而流离失所，死了弃尸在沟壑中。这种时候，他们实在是才能低下，无处容身。而有常识技艺的人则可到处安身，谋生有术。自战争动乱以来，见到许许多多的俘虏，即使是地地道道的平民百姓，如果知读《论语》《孝经》的话，还可成为人师；而那些世代官宦，没有多少文化修养，没有不耕田养马的。由此看来，怎么可以不自加勉励呢？如果能够常常保存几百卷书，百年千载终归不会成为平民百姓的。

通晓《六经》的意旨，广泛阅读诸子百家的著作，即使不能提高道德修养，促使风俗敦厚，仍不失为一种技艺，可资谋生。父亲兄长不可长久依靠，家国不可常保无事，一旦流离失所，无人保护，就只能依靠自己。俗话说："积财千万，不如有一技在身。"技能容易学到手的同时又很可贵的莫过于读书了。世上的人不论愚者、智者，都想识人多，见识广，但如果不肯读书，这就好像想吃饱而懒得去做饭菜，想穿暖而又懒得去裁剪衣裳。所有的读书人，自从伏羲、神农以来，在这世界上能识几个人，又能见几件事。对于那些既不肯读书又懒惰成性的人来说，成败好恶固然谈不上，然而也是天地所不能隐藏、鬼神所不能怜悯的。

世上有些人，只知道骑着战马，披上铠甲，手执长矛，身佩强弓，就说我能做将帅；而不懂得做将帅的要熟悉天时，明白地利，比较战争形势的优劣，通晓历代兴亡的奥妙！有的人只知道承上接下，积财聚谷，就说我能做丞相；而不知道敬奉鬼神，移风易俗，调节阴阳二气，发现选拔人才的重要！有的人只知道不受贿赂，公事早办，就说我能治理国民；而不知道以自己的忠诚做百姓榜样，执马缰如丝线般整齐以驾驭吏民，以及止风灭火、化恶为善的方法！有的人只知道照搬法律条文，早上判刑，晚上释放，就说我能平反冤狱；而不知如何根据证物明辨是非，如李崇（后魏人）用假话诱使罪犯露出奸谋，如陆云（晋人）不经审问就能查清事实！在农夫、工匠、商人以至奴仆、渔夫、牧人等各类人中，都有学问德行很好的人，可作为师长表率，多方面学习，很有好处。

学习是为了求知。有的人读了几十卷书，就自高自大，欺凌轻视长者，看不起同辈人；大家恨他如仇敌一样，厌恶他如奸邪恶人一样。像这样以学自损，还不如不学的好！

古人学习是为了弥补自己的不足，现在的人学习只是为了能表现夸耀自己。古人学习是为了实现自己的政治主张，有利于社会；现在的人学习为了自己的利益，作为进身之用。学习就好比种树，春天可以欣赏它的花叶，秋天可以收获它的果实。讲论文章就好比春花，修身利行就好比秋实。

人在小的时候，能专心一致，长大以后，注意力就容易分散，所以要及早教育，以不失时机。我七岁时，能背诵《灵光殿赋》，从那一年到今天，十年温习一次，还没有遗忘。二十岁以后背诵的经书，丢开一个月时间就荒废了。然而，人总有失意的地方，万一在年轻时错过了学习机会，还应当在晚年时抓紧学习，也不可自暴自弃。孔子就说过："五十岁时学《易经》，就可以不犯大的过失了。"袁绍的堂兄袁遗，到了老年学习更加专注，这都是少时勤学到年老更加不知疲倦地学习的事例。曾子七十岁才发愤学习，名闻天下；荀子五十岁时才赴齐国游学，还是成了大儒；公孙弘四十多岁才读《春秋》，并且做了丞相；朱云也是四十岁才学《易经》《论语》；皇甫谧二十岁才从师学《孝经》《论语》。以上所举的这些人，他们最终成了大儒。这些都是早年未学到晚年明白过来转而勤奋于学的事例。现在有些人二十岁时没有学习，便说晚了，因此疲沓松劲，犹如面墙而立，寸步不前，这实在是很愚蠢的。实际上，年幼学习，如初升的太阳；老年学习，如持烛夜行。不管怎样，仍然要比闭着眼睛一无所见强得多！

古人勤奋学习的例子很多：有困倦时用锥子刺大腿的苏秦，有投

斧挂木以示学习决心的文党，有映雪读书的孙康，有用萤光照读的车胤，有带经而锄的倪宽和常林，有用蒲草编成小简写字的路温舒。梁朝彭城的刘绮，是交州刺史刘勃的孙子，早年丧父，家里贫穷，无钱买灯烛，用折断的荻杆照明夜读。梁元帝萧绎刚开始在会稽精选百官时，他以才学出众受到梁元帝的重用，成为皇帝身边掌规谏、掌章奏书记文檄的官员，最后官位做到金紫光禄大夫。义阳县的朱詹，世代居住江陵，后出扬都，喜欢读书，家贫无钱，几天吃不上一顿饭，竟以纸充饥；天寒无毡被，抱狗取暖。狗也饥饿，外出觅食，呼唤它也不回来，哀叫声惊动邻居。然而他仍然没废止学业，最终成为学士，官至镇南录事参军，受到梁元帝的器重。以上所述都是极不容易做到的事，也是勤奋学习中的同样的典型事例。东莞人臧逢世，年纪二十多岁，想读《汉书》，苦于借阅时间不长，于是向姐夫要了客人名片和平日书信的纸尾，用这些纸手抄一本，当地将帅的幕府佩服他的志向，后来他终于以研读《汉书》出了大名。

为文应古今之法并用

原文

文章当以理致为心肾①，气调为筋骨②，事义为皮肤③，华丽为冠冕。今世相承，趋末弃本，率多浮艳。辞与理竞④，辞胜而理状；事与才争⑤，事繁而才损。放逸者流宕而忘归⑥，穿凿者补缀而不足。时俗如此，安能独违，但务去泰去甚耳⑦。必有盛才重誉、改革体裁者，实吾所希。

古人之文，宏材逸气⑧，体度风格⑨，去今实远；但缉缀疏朴，未为密致耳。今世音律谐靡⑩，章句偶对，讳避精详，贤于往昔多矣。宜以古之制裁为本，今之辞调为末，并须两存，不可偏弃也。

沈隐侯曰⑪：文章当从三易：易见事⑫，一也；易识字，二也；易读诵，三也。邢子才常曰⑬：沈侯文章，用事不使人觉，若胸臆语也⑭，深以此服之。祖孝征亦尝谓吾曰⑮：沈诗云"崖倾护石髓"⑯，此岂似用事耶？

江南文制⑰，欲人弹射⑱，知有病累，随即改之。陈王得之于丁廙也⑲。山东风俗，不通击难⑳，吾初入邺㉑，遂尝以此忤人㉒，至今为悔，汝曹必无轻议也㉓。

——节录自《颜氏家训》

注释

①理致：义理情致。心肾：这里指核心；脊梁骨。②气调：气韵才调。③事义：典故事实。④理：义理；思想内容。⑤事：用典。⑥宕（dàng）：流动；起伏。⑦但务去泰去甚耳：但求去掉过分的时俗习气。⑧宏材逸气：才华气度。⑨体度风格：体裁风格。⑩谐靡：和谐靡丽。⑪沈隐侯：沈约。南朝宋人，历仕宋、齐、梁，卒谥"隐"，故称沈隐侯。⑫易见事：易懂的典故。⑬邢子才：北魏人，名邵，字子才。官中书侍郎、国子祭酒。⑭胸臆语：他自己的心底话。⑮祖孝征：北齐人，名铤，字孝征。曾官尚书左仆射。⑯沈诗：指沈约的诗句。⑰文制：写文章。⑱弹射：指批评。⑲陈王：指曹植。曹植，三国人，曹操之子，字子建。封陈王。卒谥"思"，世人习称为"陈思王"。丁廙（yì）：三国人。与曹植友善。曹操欲立植为嗣，廙力赞其说。及曹丕篡位，与兄丁仪皆被杀。⑳不通击难：不喜欢互相批评。㉑邺：古地名。今河北磁县，东魏都城。㉒遂：于是；就。尝：曾；曾经。忤人：得罪人。㉓汝曹：你；你们。

译文

文章要以义理情致为核心，气韵为筋骨，使用典故为皮肤，文字华丽为帽子。现在的人们一代承接一代，只在最不重要的修辞上下功夫，而对最根本的东西即义理情致却置而不顾，为文大都轻浮艳丽。辞藻与义理相竞，文辞胜过思想；用典与才气相争，典多而才气不足。放恣飘逸的，只顾文章的起伏多姿，而忘记了收束；穿凿附会的，补葺联缀不够。风气已经这样了，怎能独自违反，只求去掉过分的世俗习气罢了。将来必有很有才干和声望很高的人出来主持改革，这是我所希望的。

古人的文章，其丰赡的才华和高远的气度、体裁风格各方面，要远远胜过今人，但章法不够严密细腻。现在的文章，音调格律和谐靡丽，章句偶配对称，十分讲究四声五音的配合禁忌，这和过去相比强多了。应以古人的制裁为本，今人的辞调为末，理辞兼备，古今并用，不可偏废。

沈约曾经说过，文章应当顺从三点：用易懂的典故，这是第一；易认的字，这是第二；易诵读的声韵，这是第三。邢子才常说：沈约写文章用典故时不让人觉得在用典，似乎就是用他自己心中的话，我很佩服他这一点。祖铤也曾对我说过：沈约的诗说"崖倾护石髓"，这难道像用典故吗？

江南人写文章，喜欢别人批评，发现文章有毛病，随即改正。陈思王曹植也从丁廙那里得到启发。山东风俗，则不喜欢互相批评，我初到邺，因此得罪了人，至今仍感到后悔，你们一定不要随便议论别人的文章啊！

应注重学以致用

原文

士君子之处世，贵能有益于物耳，不徒高谈虚论，左琴右书，以费人君禄位也。国之用材，大较不过六事：一则朝廷之臣，取其鉴达治体，经论博雅；二则文史之臣，取其著述宪章，不忘前古；三则军旅之臣，取其断决有谋，强于习事；四则藩屏之臣[1]，取其明练风俗，清白爱民；五则使命之臣，取其识变从宜，不辱君命；六则兴造之臣，取其程功节费，开略有术。此则皆勤学守行者所能办也。人性有长短，岂责具美于六涂哉？但当皆晓指趣，能守一职，便无愧耳。

吾见世中文学之士，品藻古今②，若指诸掌，及有试用，多无所堪。居承平之世，不知有丧乱之祸；处庙堂之下③，不知有战阵之急；保俸禄之资，不知有耕稼之苦；肆吏民之上，不知有劳役之勤。故难可以应世经务也。晋朝南渡，优借士族④，故江南冠带有才干者，擢为令仆已下尚书郎、中书舍人已上⑤，典掌机要。其余文义之士，多迂诞浮华，不涉世务。纤微过失，又惜行捶楚⑥。所以处于清高，盖护其短也。至于台阁令史⑦、主书监帅⑧、诸王签省⑨，并晓习吏用，济办时须，纵有小人之态，皆可鞭杖肃督。故多见委使，盖用其长也。人每不自量，举世怨梁武帝父子爱小人而疏士大夫，此亦眼不能见其睫耳。

梁世士大夫皆尚褒衣博带⑩，大冠高履，出则车舆，入则扶侍，郊郭之内无乘马者。周弘正为宣城王所爱，给一果下马⑪，常服御之，举朝以为放达。至乃尚书郎乘马⑫，则纠劾之⑬。及侯景之乱⑭，肤脆骨柔，不堪行步，体羸气弱⑮，不耐寒暑，坐死仓猝者，往往而然。建康令王复⑯，性既儒雅，未尝乘骑，见马嘶歕陆梁⑰，莫不震慑，乃谓人曰："正是虎。何故名为马乎？"其风俗至此。

古人欲知稼穑之艰难⑱，斯盖贵谷务本之道也⑲。夫食为民天，民非食不生矣。三日不粒，父子不能相存。耕种之，锄锄之⑳，刈获之㉑，载积之，打拂之，簸扬之，凡几涉手而入仓廪，安可轻农事而贵末业哉？江南朝士，因晋中兴，南渡江，卒为羁旅，至今八九世，未有力田，悉资俸禄而食耳。假令有者，皆信僮仆为之，未尝目观起一坺土㉒，耘一株苗。不知几月当下，几月当收，安识世间余务乎？故治官则不了，营家则不办。皆优闲之过也。

——节录自《颜氏家训》

注释

①藩屏：古代用来借喻独当一面的边防长官。②品藻：判断和评定。③庙堂：指朝廷。④借：借托；凭借。⑤令：指尚书令。仆：指尚书仆射。尚书郎：尚书省属官。初任称郎中，满一年称尚书郎，三年称侍郎。中书舍人：中书省属官。其地位低于中书侍郎。⑥捶楚：用棒或

板打击。⑦台阁：指尚书台，当时的中央行政中枢机构。令史：晋、南北朝的令史执掌文书，有品秩，可以补升为郎。⑧主书：中书省属官，主管文书。⑨签省：当时的低级官员。⑩梁世：指梁朝的时候。⑪果下马：当时一种体格矮小、能在果树下行走，然而身价十分昂贵的马。⑫乃：才；于是。⑬劾：弹劾。⑭侯景之乱：发生在公元548—552年。侯曾自立为王。⑮赢：瘦。⑯建康：地名，今江苏治辖内。⑰嘶㪚：嘶叫跳跃。⑱稼穑：农事的总称。⑲贵谷务本：古代视农业为本业，工商业为末业。⑳莸（hāo）：同"薅"，除田间的草。㉑刈：割草或谷类。㉒垅（bá）：长宽各一尺的土。

译文

读书人处于这个世界上，最可贵的是有益于国家和社会，而不是只知道高谈阔论，弹弹琴，看看书，白白地享用国家给予的俸禄。国家所需要的人才，大致有这六个方面：一是在朝廷中任职的官员，要求能做到精通治理国家的事务，对错综复杂的事情进行综合的分析，并提出各种处理方案；二是掌管文史的官员，要求能做到起草法规和文件，撰写著作，不忘记前代的经验；三是率领军队的武将，要求能做到深谋远虑，决策果断，强力能干，精通军务；四是作为朝廷藩屏的边防长官，要求能做到体察民情，清廉公正，爱护百姓；五是负责外交事务的使臣，要求能做到随机应变，不负国家的重托；六是负责土木建筑的官员，要求能做到完成预定的工程，并节约经费。以上这几条，都必须勤奋学习，恪尽职守方能达到要求。一个人的能力有大有小，哪能同时具备六个方面的才能呢？但应当掌握其中的要领，如果能够胜任其中某一方面的工作，那就可以问心无愧了。

我看到世上的许多读书人，评论起古今得失来头头是道，清清楚楚，但让他们去管理实际事务却根本不称职。他们这些人，在天下太平无事时，想不到祸乱可能来临；在朝廷供职期间，根本不了解边疆和地方上正在发生着激烈的战争；只知道领取朝廷的俸禄，却不知道农民耕作何等的艰辛；高居下层民众之上，不知道他们负担的劳役有多么的繁重。所以，这样的人是难以担当起治理国家的重任的。晋王朝南渡之后，十分优待读书人，所以江南那些出自高门望族略有才干的人，就被提拔担任侍郎，掌管国家重要机密事务。其余一些读书人，大都迂腐虚诞，华而不实，不了解实际事务。他们犯了小小的过失，朝廷又不忍心对他们予以责罚。所以这些人被摆在清闲高贵的位置上，大概是遮护他们的短处。至于那些担任尚书台和令史以及主书、监帅、诸王府典签、省事一类小官的人，倒是熟悉公务、能够办理各种事务。即使其中有些人不那么精明，但都可以对其实行监督和责罚，所以他们常常被委派处理各种重要事务，这就是发挥了他们的长处。人们往往对自己缺乏正确的认识，所以大家都埋怨梁武帝父子信用出身低微的人而疏远家世高贵的人，这就像自己的眼睛不能看见自己的睫毛一样。

梁代时读书做官的人都风行穿宽大的衣服，系很宽的衣带，戴大帽子，穿高齿鞋，出门要坐车子，在家要人扶着走路，城内郊外都见不到骑马的人。周弘正受到宣城王的赏识，送给他一匹名贵的果下马，他常常骑这匹马，整个朝廷的官员都认为他太随便，太不拘礼节了。以至于都觉得如果尚书郎骑马，就应受到弹劾。到了侯景之乱时，这些人皮肤脆嫩，骨骼柔软，走不得路；又因为身体虚弱，经受不了寒热变化，坐着就突然死去的到处都有。建康令王复，性情温文尔雅，从未骑过马，他见到马匹嘶叫跳跃，没有不害怕的，于是对人说："这明明是虎，怎么大家叫它为马呢？"当时的风气竟然到了这样的地步。

古人都知道种植粮食的艰难，这是符合珍惜粮食、重视农业这个根本原则的。民以食为天，人民没有食物就不能生存。如果三天不吃饭，父亲就保不住儿子，儿子也救不了父亲。种植粮食，要耕种，要锄草，要收割，要脱粒，要扬去空壳，经过这么多道手续之后，才装进仓库里去，怎么可以轻视农业而看重工商业呢？江南做官的人，因为晋朝再度兴盛，于是渡过长江客居他乡，至今已经历八九代人了，从未从事过农业生产，全靠朝廷的俸禄为生活的来源。如果有经营农业的话，那也都是由家中的奴仆去进行的，自己却从来没有亲眼看见怎样犁一块土、耘一株苗，不知道几月应当下种，几月应当收割，哪里还了解世界上其他的各种事务呢？所以这种人做官就不会称职，管家也不行，都是由于他们的生活过得太悠闲舒适而造成的后果。

养生须与养性相结合

原文

神仙之事，未可全诬；但性命在天，或难钟值①。人生居世，触途牵挚②。幼小之日，既有供养之勤；成立之年，便增妻孥之累③。衣食资须，公私驱役，而望循迹山林，超然尘滓，千万不遇一尔④。加以金玉之费，炉器所须，益非贫士所办。学如牛毛，成如鳞角，华山之下，白骨如莽，何有可遂之理？考之内教，纵使得仙，终当有死，不能出世，不愿汝曹专精于此⑤。若其爱养神明，调护气息，慎节起卧，均适寒暄，禁忌食饮，将饵药物，遂其所禀，不为夭折者，吾无间然。诸药饵法，不废世务也。庚肩吾常服槐实⑥，年七十余，日看细字，须发犹黑。邺中朝士⑦，有单服杏仁、枸杞、黄精、术、车前，得益者甚多，不能一一说尔。吾尝患齿，摇动欲落，饮食热冷，皆苦疼痛，见《抱朴子》牢齿之法⑧，早朝叩齿三百下为良，行之数日，即便愈，今恒持之。此辈小术，无损于事，亦可修也。凡欲饵药，陶隐居《太清方》中总录甚备⑨，但须精审，不可轻脱。近有王爱州在邺学服松脂，不得节度⑩，肠塞而死，为药所误者甚多。

夫养生者先须虑祸，全身保性，有此生然后养之，勿徒养其无生也。单豹养于内而丧外⑪，张毅养于外而丧内⑫，前贤所戒也。嵇康著《养生》之论⑬，而以傲物受刑；石崇冀服饵之征⑭，而以贪溺取祸，往世之所迷也。

夫生不可不惜，不可苟惜，涉畏险之途，干祸难之事，贪欲以伤生，谗慝而致死⑮，此君子之所惜哉！行诚孝而见贼，履仁义而得罪，丧身以全家，泯躯而济国，君子不咎也。自乱离以来，吾见名臣贤士，临难求生，终为不救，徒取窘辱，令人愤懑。侯景之乱⑯，王公将相多被戮辱，妃主姬妾略无全者。唯吴郡太守张嵊建义不捷⑰。为贼所害，辞色不挠。及鄱阳王世子谢夫人登屋诟怒⑱，见射而毙。夫人，谢遵女也。何贤智操行若此之难，婢妾引决若此之易⑲？悲夫！

——节录自《颜氏家训》

注释

①钟值：遇到。②牵掣：牵制，束缚。③妻孥：妻子儿女。④一尔：一个。⑤汝曹：你；你们。⑥庾肩吾：南梁著名文士。⑦邺：古地名，今河北磁县，东魏都城。⑧《抱朴子》：书名。东晋葛洪著。集中反映出作者内神仙而外儒术的立场。⑨陶隐居：即陶弘景，当时著名医学家，著有《太清草木集要》等书。⑩节度：节制；控制。⑪单豹：见《庄子·达生》："单豹被虎所食。"⑫张毅：见《庄子·达生》："张毅因内热而死。"⑬嵇康：三国时魏人，不肯屈身以事权贵，被权臣钟会害死，著有《养生论》。⑭石崇：东晋人，家财巨万，有侍妾百余，一名为绿珠，姿色冠绝，权臣孙秀向他索要此女，遭拒绝，于是石崇被害死。⑮谲愚：阴险狡诈。⑯侯景之乱：发生于公元548—552年。⑰张嵊：梁朝人，事迹见《梁书·张嵊传》。⑱谢夫人：鄱阳王萧恢达之孙萧嗣的夫人。诟怒：怒骂。⑲引决：自杀。

译文

得道成仙的事情，不能说全是假的，但是人的命运是注定了的，很难遇到真的成为神仙的事。一个人活在世界上，到处都要受到牵制。幼小的时候，需要别人的抚养；成年之后又增加了妻子儿女的牵累。还有衣食和各种开支，公家和私家的劳役。能够隐居到山林里去，脱离人世间的种种烦恼，千万个人中也难找到一个。加上炼丹需要黄金白玉做原料，丹炉做工具，更不是清贫的人所能办到的。学仙术的人多如牛毛，但真正成功的人就像凤毛麟角那样稀少了。华山之下，求仙者的白骨遍地都是，哪有可以轻易成功的道理呢？查考道家的经典，纵然学成了神仙，最后还是要死的，并不能脱离这个凡人居住的世界。所以我不愿意看到你们把精力放在这上面去。至于保养精神，调节呼吸，活动与休息适度，注意寒热和饮食，服用一些有健身作用的药物，顺应自己的身体素质，不致短命而死，我是不反对的。服用药物，也不妨碍我们从事的各项事务。庾肩吾经常服用槐树果实，年纪七十多岁了，每天还能看蝇头小字，胡须和头发仍然是黑色的。邺中的朝官，有单服杏仁、枸杞、黄精、术、车前等中草药的，受益甚多，我不一一指出来了。我曾患牙痛病，松动得像要脱落掉，饮食稍冷稍热，都很疼痛。后来采用《抱朴子》一书中固齿的方法，坚持每天早上叩齿三百下，仅试着做了几天，牙痛就明显消失了，直到现在我还坚持这样做。像这种小方法，不妨碍我们做任何事情，所以是可以采用的。要想服用药方的，陶隐居的《太清方》中记录得很详备，但服用时应当慎重得法，不可轻率从事。近年有一个叫王爱州的人在邺中学服松脂，由于用量没有节制，以致肠塞而死，像这种因服药不当而搞坏身体的人也为数不少。

讲养生之道的人先要考虑免祸，保住生命，然后才谈得上保养，不要只讲保养而不顾性命。单豹这个人的身体保养得很好，但不注意外部的安全，被老虎吃掉了；张毅注意了外部的安全，但体内的热病夺走了他的生命。这都是前代的贤人们所戒备的。嵇康写过《养生论》，但是因为得罪了权贵而被处死；石崇希图服药健身，但因为贪财和沉溺女色而招来祸殃，这都是以往的糊涂人干的事情。

生命不可以不加以爱惜，也不可以苟且偷生，走危险的道路，做可能招来灾祸的事情，贪求私欲而伤害身体，因阴谋狡诈而断送性命，这些都是正人君子们所感到痛惜的。行忠孝之道而遭受别人的暗害，做仁义之事而得罪朝廷，或者牺牲自己以保全家族，献出生命而有利于国家，君子都不会对此加以责难的。自从乱离发生以来，我见到许多所谓名臣贤士，他们在危难之际委曲求全，最终还是免不了一死，白白遭受屈辱，令人气愤。侯景之乱时，王公将相大都受辱并遭害，后妃、公主和大官的妻妾基本上没有一个得到保全。只有吴郡太守张嵊起兵讨贼，失败后遭到杀害，临死时没有丝毫屈服的表情。还有鄱阳王的孙媳妇谢夫人，登上屋顶怒骂叛贼，被箭射死。她是谢遵的女儿。为什么那些号称贤良聪明的人保全操守如此困难，而女流之辈献出生命却如此从容呢？真是可悲极了。

韦世康家训

【撰主简介】

韦世康（生卒年不详），隋京兆（今陕西境内）人。幼孝友，明敏有器度。早年仕于西魏和北周，曾任绛州刺史。隋文帝开皇年间授荆州总管。死后谥"文"。

韦世康教育子弟严格，要求子弟要懂得知足，要适可而止，要急流勇退。

须将利禄官位看得淡薄些

原文

禄岂须多①，防满则退②。年不待暮③，有疾便辞。

——节录自《戒子通录》

注释

①禄：俸禄，官吏的俸给。岂：副词，表示反问。可释为"难道"。②防满：防止骄傲自满。退：引退。③年：年纪；年岁。暮：晚年。

译文

做官的俸禄难道必须很多吗？要防止骄傲自满就必须引退。不必等到晚年，有了疾病便可申请辞职，请求解除自己的职务。

翟义家训

【撰主简介】

翟义（？—公元前7年），西汉汝南上蔡（今河南上蔡西南）人。字文仲。初任南阳都尉，迁弘农、河内、东郡太守。平帝时，王莽篡政，他联合东郡都尉刘宇、严乡侯刘信等起兵反莽，立刘信为帝，自称大司马柱天大将军，众达十余万。后失败被杀。

义当为国讨贼

原文

新都侯摄天子位①，号令天下，故择宗室幼稚者以为孺子②，依托周公辅成王之义③，且以观望，必代汉家，其渐可见④。方今宗室衰弱，外无强蕃⑤，天下倾首服从⑥，莫能亢捍国难⑦。吾幸得备宰相子，身守大郡，父子受汉厚恩，义当为国讨贼，以安社稷⑧。欲举兵两诛不当摄者，选宗室子孙辅而立之。设令时命不从，死国埋名⑨。犹可以不惭于先帝。今欲发之，乃肯从我乎⑩？

——节录自《汉书·翟方进传附》

注释

①新都侯：王莽。摄：代理。②宗室：同祖宗的贵族，指国君或皇帝的宗族。幼稚：年纪小。元始五年（公元5年），王莽毒死汉平帝，自称新朝皇帝。次年，立年仅两岁的刘婴为太子，号"孺子"。③周公：西周初年政治家。姬姓，周武王之弟，名旦，亦称叔旦。因采邑在周（今陕西岐山北），故称周公。曾助武王灭商。武王死后，成王年幼，由他摄政。④渐：事物发展的开端。⑤蕃：通"藩"。屏障。⑥倾首：低头。⑦亢：通"抗"。⑧社稷：古代帝王、诸侯所祭的土神和谷神。旧时用作国家的代称。⑨埋名：姓名隐没，不为人知。⑩乃：你。

译文

新都侯王莽代理天子之位，号令天下，选择皇族幼儿作为孺子，假托周公辅佐成王的名义，来观望、试探天下人的心意，他一定会取代汉王朝，已经可以看出这个苗头了。现在皇室衰弱，京城之外又没有强大的屏障，天下都低头服从，没有人能抵御国难。我有幸能够作为宰相的儿子，身守大郡，父子都受到汉王朝的大恩，按照道义应当为国讨贼，来使国家得到安定。我打算举兵向西诛伐不应当代理王位之人，选择皇室子孙，辅佐他，立他做皇帝。假设时命不从，为国捐躯，姓名隐没，不为人知，仍然可以面对先帝的魂灵而不会感到惭愧。现在我打算举兵起义，你肯跟从我吗？

疏广家训

【撰主简介】

疏广，生卒年不详。西汉东海兰陵（今山东枣庄东南）人。字仲翁。少好学，明《春秋》。居家设馆授徒，远方的人都前来就学。后被征为博士太中大夫。汉宣帝地节三年（公元前67年），任太子少傅。兄子疏受亦任少傅。在任五年，称病还乡。

诫子孙

原文

吾岂老悖不念子孙哉①？顾自有旧田庐②，令子孙勤力其中，足以共衣食③，与凡人齐。今复增益之以为赢馀④，但教子孙怠惰耳。贤而多财，则损其志；愚而多财，则益其过。且夫富贵，众人所怨也；吾既亡以教化子孙⑤，不欲益其过而生怨。又此金者，圣主所以惠养老臣也，敝乐与乡党宗族共飨其赐⑥，以尽吾馀日，不亦可乎！

——节录自《汉书·疏广传》

注释

①老悖：老糊涂。悖：昏乱。②顾：回顾，转头看。庐：本指乡村一户人家所占的房地，引申为村房小屋的通称。③共："供"的古字。④益：加多。赢馀：剩余；多余。⑤亡：通"无"。教化：教育；感化。⑥乡党：周制以五百家为党，一万二千五百家为乡，后因以"乡党"泛

指乡里。宗族：同宗同族之人。宗，同祖。飨：用酒食款待人，请人享受。

译文

我难道是老糊涂了，不顾念子孙吗？因为考虑到家中本来就有田地房屋，让子孙在其中辛勤劳作，足够供给他们穿的和吃的了，可以和普通人一样生活。现在再给他们增多田产使有剩余，则只是教子孙懈怠懒惰罢了。子孙如果贤明但财产很多，就会有损他们的志向；如果愚笨而财产又多，就会增加他们的过错。况且富贵是众人所怨恨的；我既然没有用来教育感化子孙的德行，也就不打算为他们购置田产以增多他们的过失，从而使众人产生怨恨。再说这些金银，是圣明的君主赐给我的恩惠，让我用来养老的，因此我也就乐意和同乡同族的人来共同享受皇上的赏赐，过完我剩下的日子，不也是可以的吗？

诫侄受

原文

吾闻"知足不辱，知止不殆①""功遂身退，天之道也"②，今仕官至二千石③，宦成名立，如此不去，惧有后悔。岂如父子相随出关④，归老故乡，以寿命终，不亦善乎？

——节录自《汉书·疏广传》

注释

①知足不辱，知止不殆：语见《老子》。殆，危险。②功遂身退，天之道也：语见《老子》。遂，成功。③仕：做官。二千石：汉代对郡守的通称。汉郡守俸禄为二千石，因有此称。疏广这里是说自己任少傅一职，相当于郡守职务。④关：指函谷关。

译文

我听说"一个人知道满足就不会受辱，知道适可而止就不会有危险""功业建立以后，能及时引退，这就符合客观的规律"。现在我们做到了俸禄二千石的官，官也做了，名声也树立了，到这个地步还不辞官离去，恐怕以后会后悔。不如我们叔侄相随出了函谷关，回到故乡去安享晚年，不也是很好吗？

尹赏家训

【撰主简介】

尹赏，生卒年不详。西汉巨鹿杨氏人。字子心。曾以三辅高第选守长安令。当时长安城中地痞流氓横行无忌，每至天黑，杀人抢劫，导致死伤横道。尹赏执法严厉，尽捕长安城中首恶，将其推入大坑中，用大石压死，又责令愿自改者立功赎罪。后为江夏太守，因执法严厉得罪贪官庸吏，被免官。

诫诸子

原文

丈夫为吏，正坐残贼免[1]，追思其功效，则复进用矣。一坐软弱不胜任免[2]，终身废弃无有赦时[3]，其羞辱甚于贪污坐臧[4]。慎毋然[5]。

——节录自《汉书·酷吏传》

注释

①正：纵。坐：指办罪的缘由。残贼：残忍。②一：一旦。胜：能够承担或承受。③赦：免罪；减罪。④臧：通"赃"。⑤然：这样。

译文

大丈夫做官，纵使由于执法过于残忍而被治罪，后来朝廷追思他以前的功绩，仍有再被进用的一天。一旦由于软弱、不能够承担责任而被免职，那么将终身被废弃而没有被免罪的一天，这种羞辱比因贪污受贿而入罪还要厉害。你们千万不要这样！

马援家训

【撰主简介】

马援（公元前 14—公元 49 年），东汉扶风茂陵（今陕西兴平东北）人。字文渊。新莽末为新城大尹（汉中太守）。后依附割据陇西的隗嚣。继归刘秀，参加攻灭隗嚣的战争。东汉光武帝建武十年（公元 35 年）任陇西太守，率军击破先零羌。建武十七年（公元 41 年）任伏波将军，平定交趾征侧、征贰叛乱，封新息侯。曾对宾客说："丈夫为志，穷当益坚，老当益壮。"又说："男儿要当死于边野，以马革裹尸还。"后在镇压武陵"五溪蛮"时，病死军中。曾在西北养马，得专家传授，发展了相马法，著有《铜马相法》。

马援对子女要求很严。其《诫兄子严、敦书》，历来为人所传诵，今选录以飨读者。

诫兄子严、敦书

原文

吾欲汝曹闻人过失①，如闻父母之名，耳可得闻，口不可得言也。好议论人长短，妄是非正法②，此吾所大恶也，宁死不愿闻子孙有此行也。汝曹知吾恶之甚矣，所以复言者，施衿结缡③，申父母之诫，欲使汝曹不忘之耳。龙伯高敦厚周慎，口无择言④，谦约节俭，廉公有威，吾爱之重之，愿汝曹效之。杜季良豪侠好义，忧人之忧，乐人之乐，清浊无所失，父丧致客，数郡毕至，吾爱之重之，不愿汝曹效也。效伯高不得，犹为谨敕之士⑤，所谓刻鹄不成尚类鹜者也⑥。效季良不得，陷为天下轻薄子，所谓画虎不成反类狗者也。迄今季良尚未可知⑦。郡将下车辄切齿⑧，州郡以为言，吾常为寒心⑨，是以不愿子孙效也。

——节录自《后汉书·马援传》

注释

①曹：辈。②是非正法：指讥刺时政。③施：解脱。衿：古代衣服的交领。缡：古代女子出嫁时所系的佩巾。施衿结缡指父母关心子女，亲自为他们解开衣领，系上佩巾。④择：通"殬"。败坏的。⑤谨敕：谨慎，能约束自己的言行。⑥鹄：天鹅。鹜：野鸭。⑦迄：通"迄"。到，至。⑧下车：《礼记·乐记》："武王克殷，反商，未及下车，而封黄帝之后于蓟。"后称官吏到任为"下车"。辄：犹"即"。切齿：咬紧牙齿，表示愤恨到极点。⑨寒心：有所戒惧之义。

译文

我希望你们听别人的过失，就如同听到父母亲的名字一样，耳朵可以听，口里却不能说。喜欢议论他人的长短，胡乱讥刺时政，这是我最厌恶的，我宁死也不愿听说子孙有这种行为。你们知道我非常厌恶这种行为，之所以再次强调的原因，是要表示父母对你们的关切，重申父母对你们的训诫，希望你们不要忘记罢了。龙伯高为人敦厚，办事周详细致，从不说不好听的话，生活

谦约节俭，廉洁公正，颇有威仪。我喜爱他、敬重他，希望你们效法他。杜季良为人豪爽讲义气，能够以人之忧为忧，以人之乐为乐，做到轻重适宜，举止得当。他的父亲死了，操办丧事，延请宾客，几郡的人都来了。我喜爱他、敬重他，却不希望你们效法他。效法龙伯高不成，还算是谨慎之士，这就是所谓的刻画天鹅不成但还是像只野鸭子。效法杜季良不成，便会沦为天下鄙薄之人，这就是所谓的画虎不成反而像一只狗了。到现在杜季良的前途如何还不知道，那些郡将一到任就对他切齿痛恨，州郡的人都把他当作谈论的对象，我常常对此心怀戒惧，因此不愿你们效法他啊！

樊宏家训

【撰主简介】

樊宏（？—公元 51 年），东汉南阳湖阳（今河南唐河西南）人，周仲山甫之后，字靡卿。少有志行，与父重以礼义恩德著称乡里。汉光武帝刘秀即位，拜光禄大夫，位特进，次三公。建武五年（公元 29 年），封长罗侯。建武十五年（公元 39 年），封寿张侯。

樊宏为人谦和柔顺，小心谨慎，生不求苟进。

守谦以持身

原文

富贵盈溢，未有能终者。吾非不喜荣势也，天道恶满而好谦①，前世贵戚皆明戒也②。保身全己，岂不乐哉！

——节录自《后汉书·樊宏传》

注释

①天道恶满而好谦：语出《易经》："天道亏盈而益谦，人道恶盈而好谦。"天道，自然的规律。古人认为天道是支配人类命运的天神意志。②贵戚：帝王的内外亲族。

译文

太过于富贵的人，没有能得到好结果的。我并不是不喜欢荣华富贵和权势地位，只是天道憎恨骄傲自满而喜好谦虚谨慎，前世帝王亲族的命运都是对后人明白的警告。能够保全自身，难道不是一件乐事吗！

张奂家训

【撰主简介】

张奂（公元 104—181 年），东汉敦煌渊泉人。字然明。少立志节，曾对士友说："大丈夫处世，当为国家立功边境。"后为将帅镇守边疆，抵御匈奴，立有勋名。累官大司农、少府、太常等职。为人正身洁己。任武威太守时，能平均徭赋，破除当地妖忌之俗。他死后，百姓出于对他的爱戴，多为他立祠，世世不绝。少从太尉朱宠学欧阳《尚书》，晚年"闭门不出，养徒千人，著《尚书记难》三十余万言"。

遗　命

原文

吾前后仕进，十要银艾①，不能和光同尘②，为谗邪所忌③。通塞④，命也；始终，常也。但地底冥冥⑤，长无晓期，而复缠以纩绵⑥，牢以钉密，为不喜耳。幸有前窀⑦，朝殒夕下⑧，措尸灵床⑨，幅巾而已⑩。奢非晋文⑪，俭非王孙⑫，推情从意，庶无咎吝⑬。

——节录自《后汉书·张奂传》

注释

①银艾：指官印。因用艾草染之，故名。②和光同尘：《老子》，"和其光，同其尘。"王弼注："和光而不污其体，同尘而不渝其贞。"后谓不露锋芒、与世无争的处世态度为"和光同尘"。③谗：说别人的坏话。邪：不正派。④通：处境顺利，做官显达。塞：时运不畅。⑤冥冥：昏暗。⑥纩绵：丝绵。纩，絮衣服的新丝绵。⑦窆：墓穴。⑧殒：死亡。⑨措：安放。灵床：停放尸体的床。⑩幅巾：古代男子用绢幅束头发。一种表示儒雅的装束。⑪晋文：晋文公，春秋时晋国国君。⑫王孙：杨王孙，西汉无神论者。临终遗嘱子女，死后以"布囊盛尸，倾埋土中。"⑬咎：灾祸。吝：耻辱。

译文

我前后出仕做官，多次变更官职，由于不能顺从时俗，同流合污，因此被谗邪小人所忌恨。宦途显达或乖塞，这是命运决定了的；一个人有生就有终，这是自然的规律。只是地底昏暗，永远没有天亮的时候，又再给我的尸身裹上丝绵，将我的棺椁牢牢地钉死，这是令我最不高兴的。幸好有预先挖好的墓穴，我早上死了，傍晚就葬下去，把我的尸体安放在灵床上，只要用一幅绢束住头发就行了。丧事既不要办得像晋文公那样奢华，也不能如同杨王孙那样节俭，只要合情合意，不要给子孙带来灾祸和耻辱就好。

范冉家训

【撰主简介】

范冉（公元112—185年），东汉陈留外黄（今河南民权西北）人。字史云。游三辅，就学于马融。桓帝时授莱芜长，遭母忧，不就。后在太尉府任职，自知性格狷急，不能从俗，常佩韦以自警。遭党锢之祸，遁逃于梁、沛之间，卖卜为生。虽有时家中断粮，仍能穷居自若。闾里有歌称："甑中生尘范史云，釜中生鱼范莱芜。"后党禁解，三府交辟。卒于家，会葬者二千余人。

诚葬事从简

原文

吾生于昏暗之世，值乎淫侈之俗①，生不得匡世济时②，死何忍自同于世！气绝便敛③，敛以时服④，衣足蔽形，棺足周身，敛毕便穿⑤，穿毕便埋。其明堂之奠⑥，干饭寒水，饮食之物，勿有所下。坟封高下⑦，令足自隐⑧。知我心者李子坚⑨、王子炳也⑩。今皆不在，制之在尔，勿令乡人宗亲有所加也⑪。

——节录自《后汉书·独行传》

注释

①值：逢着，碰上。②匡：挽救。③敛：给尸体穿衣下棺。④时服：平时的衣服。⑤穿：挖洞。⑥明堂：墓前的祭台。奠祭。⑦封：堆土为

坟。⑧自隐：人站立时可以隐蔽手肘。⑨李子坚：李固，字子坚。⑩王子炳：人名。生平不详，待考。⑪宗亲：同一祖先所出的男系血统。

译文

我生长在昏暗的时代，正逢习俗淫侈之时，活着不能挽救艰危的世道和时势，死了怎能忍受自己与这种淫侈之风同流合污！我一断气就给我穿衣下棺，穿上平时穿的衣服。衣服只要足够遮蔽身形，棺材只要足够容下身子。穿完衣服就挖墓，挖完墓就埋葬。明堂上的祭奠只用干饭和冷水，其他饮食之物都不要放置。坟堆高低，只要站着足够隐蔽手肘就够了。明白我心迹的是李子坚和王子炳。现在他们都不在了，决定如何去做全在你们了，丧事不要给乡人宗亲添麻烦。

陈咸家训

【撰主简介】

陈咸，生卒年不详。西汉沛国洨（治今安徽固镇东）人。熟悉法令，成帝、哀帝期间官尚书。平帝时，对王莽辅政期间多改汉制不满，请求辞官。王莽篡位，召为掌寇大夫，称病不应召，并令三子参、丰、钦都辞去官职，父子相偕归乡里，闭门不出。

诫子孙慎用重典

原文

为人议法，当依于轻，虽有百金之利①，慎无与人重②。

——节录自《后汉书·陈宠传》

注释

①虽：即使。②慎：千万。

译文

替人议定法令，应当从轻出发，即使有百金的利益，也千万不要将人从重惩处。

赵咨家训

【撰主简介】

赵咨，生卒年不详。东汉东郡燕（今河南滑县东滑县老城）人。字文楚。少年丧父，有孝行。东汉桓帝延熹元年（公元 158 年），迁博士，累迁敦煌太守，后拜东海相。为官清廉，计算自己在职日数接受俸禄，豪党对其节俭都表示敬畏。

切戒丧葬奢华

原文

夫含气之伦①，有生必终，盖天地之常期②，自然之至数③。是以通人达士④，鉴兹性命⑤，以存亡为晦明，死生为朝夕，故其生也不为娱，亡也不知戚⑥。夫亡者，元气去体⑦，贞魂游散，反素复始⑧，归于无端。既已消仆⑨，还合粪土。土为弃物，岂有性情，而欲制其厚薄、调其燥湿邪？但以生者之情，不忍见形之毁，乃有掩骸埋空之制⑩。《易》曰⑪："古之葬者，衣以薪⑫，藏之中野⑬，后世圣人易之以棺椁⑭。"棺椁之造，自黄帝始⑮。爰自陶唐⑯，逮于虞⑰、夏⑱，犹尚简朴，或瓦或木，及至殷人而有加焉。周室因之，制兼二代。复重以墙翣之饰⑲，表以旌铭之仪⑳，招复含敛之礼㉑，殡葬宅兆之期㉒，棺椁周重之制㉓，衣衾称袭之数㉔，其事烦而害实，品物碎而难备㉕。然而秩爵异级㉖，贵贱殊等。自成㉗、康以下㉘，其典稍乖㉙。至于战国，渐至颓陵㉚，法度衰毁，上下僭杂㉛。终使晋侯请隧㉜，秦伯殉葬㉝，陈大夫设参门之木。宋司马造石椁之奢㉞。爰暨暴秦㉟，违道废德，灭三代之制，兴淫邪之法，国资糜于三泉㊱。人力单于郦墓㊲，玩好穷于粪土，伎巧费于窀穸㊳。自生民以来，厚终之敝㊴，未有若此者。虽有仲尼重明周礼，墨子勉以古道㊵。犹不能御也。是以华夏之士，争相陵尚㊶，违礼之本，事礼之末，务礼之华，弃礼之实，单家竭财，以相营赴。废事生而营终亡，替所养而为厚葬㊷，岂云圣人制礼之意乎？《记》曰㊸："丧虽有礼，哀为主矣。"又曰："丧，与其易也㊹，宁戚。"今则不然。并棺合椁，以为孝恺㊺，丰资重襚㊻，以昭恻隐，吾所不取也。昔舜葬苍梧，二妃不从㊼。岂有匹配之会，守常之所乎㊽？圣主明王，其犹若斯，况于品庶㊾，礼所不及。古人时同即会，时乖则别，动静应礼，临事合宜。王孙裸葬㊿，墨夷露骸[51]，皆达于性理，贵于速变。梁伯鸾父没[52]，卷席而葬，身亡不反其尸。彼数子岂薄至亲之恩？亡忠孝之道邪？况我鄙暗[53]，不德不敏，薄意内昭，志有所慕，上同古人，下不为咎。果必行之，勿生疑异。恐尔等目厌所见[54]，耳讳所议[55]，必欲改殡，以乖吾志，故远采古圣，近撰行事[56]，以悟尔心。但欲制坎[57]，令含棺椁，棺归即葬，平地无坟[58]。勿卜时日，葬无设奠[59]，勿留墓侧，无起封树[60]。于戏小子[61]，其勉之哉，吾蔑复有言矣[62]！

——节录自《后汉书·赵咨传》

注释

①气：中国哲学概念。通常指一种极细微的物质，是构成世界万物的本原。伦：类。含气之伦：泛指一切有生命的事物。②常期：永恒不变的限数。期，限数。③至数：至理。最根本的道理。④通人：学识渊

博、贯通古今的人。达士：通达事理的人。⑤鉴：审鉴，审察。⑥戚：忧愁，悲伤。⑦元气：精神，生气。去：离开。⑧反："返"的古字。素：质朴，本色的。⑨消仆：消失。⑩窆：埋葬。⑪《易》：指《周易》，又称《易经》。⑫衣：穿。薪：草。⑬中野：旷野之中。⑭椁：套在棺外的大棺。⑮黄帝：传说中中原各族的共同祖先。⑯陶唐：传说中远古部落名。尧为其领袖。⑰虞：传说中远古部落名。舜为虞氏部落领袖。⑱夏：朝代名。相传为禹所建立，建都安邑。⑲墙翣：《礼记·檀弓上》："周人墙置翣。"出殡时张于棺材周围的帷帐。翣，古代出殡时的棺饰。《三礼图》："翣，以竹为之，高二尺四寸，广三尺，衣以白布，柄长五尺，葬时令人执之于枢车傍。"⑳旌铭：亦作"铭旌"。竖在枢前以表明死者姓名的旗幡。㉑招复：招魂复魄。古人认为人初死，其魂魄刚离开躯体，可升上屋顶召回。含：以玉珠含在死者口中。敛：通"殓"。给尸体穿衣下棺。㉒殡：殓而未葬。宅兆：葬死人的墓地。期：指古代诸侯五日而殡，五月而葬，大夫三日而殡，三月而葬；士二日而殡，逾月而葬。㉓棺椁周重之制：《礼记》："天子之棺四重。"郑玄注："诸公三重，诸侯再重，大夫一重，士不重。"又："君松椁，大夫柏椁，士杂木椁。"㉔称：指搭配齐全的一套衣服。袭：衣服的全套。《礼记》："凡小敛，诸侯、大夫、士皆用复衾，君锦衾，大夫缟衾，士缁衾。"又："天子袭十二称，诸公九称，诸侯七称，大夫五称，士三称。小敛，尊卑同，十九称。大敛，天子百称，上公九十称，侯伯七十称，大夫五十称，士三十称。"㉕品物：即"物品"。㉖秩：官吏的俸禄。爵：爵位。㉗成：周成王。㉘康：周康王。㉙乖：乖戾。㉚颓陵：颓废衰微。㉛僭：超越本分。㉜隧：墓道。上古只有天子死了，才能掘地为墓道。《左传》："晋文公朝于襄王，请隧，不许。"㉝秦伯殉葬：《诗经·秦风·黄鸟》记载，秦穆公任好死了，以子车氏奄息、仲行、鍼虎殉葬。㉞宋司马造石椁之奢：《礼记·檀弓上》："昔者，夫子居于宋，见桓司马自为石椁，三年而不成。夫子曰：'若是其靡也，死不如速朽之愈也。'"㉟暨：及；到。㊱糜：碎烂；浪费。三泉：指埋葬死者之处。㊲单：通"殚"。竭尽。郦：一称"骊山"，在陕西临潼东南。秦始皇葬于此。㊳窀穸：墓穴。㊴厚终：重死。㊵墨子勉以古道：《墨子》："古者圣人制为葬埋之法，棺三寸足以朽体，衣衾三领足以覆恶。尧葬邛之山，满坎无窆，舜葬纪市，禹葬会稽，皆下不及泉，上无遗臭。三王者，岂财用不足哉！"㊶陵：超越。㊷替：废弃。㊸《记》：指《礼记》。㊹易：指仪文周到。语见《论语·八佾》。㊺恺：和乐。㊻襚：赠送死人的衣衾。㊼二妃：娥皇、女英。《礼记》："舜葬于苍梧，二妃未之从也。"㊽守常：固守常法；按照常理。㊾品庶：众庶。指庶民；众民。㊿王孙：杨王孙。西汉无神论者。临终嘱其子："吾死，可为布囊盛尸，入地七尺。既下，从足脱其囊，以身亲土。"(51)墨夷：指治墨子之学者，名夷子。他去见孟子，孟子对他说："吾闻墨之治丧，以薄为其道也。盖上世有尝不葬其亲者，其亲死，则举而委之于壑。"(52)梁伯鸾：梁鸿，东汉初扶风平陵（今陕西咸阳西北）人，字伯鸾。其父护卒于北地（今宁夏吴忠西南），卷席而葬。后鸿出关往吴，卒，葬于吴要离冢旁。没：通"殁"。死。(53)鄙：鄙陋。暗：愚昧不明。(54)厌：满足。(55)讳：隐瞒，避忌。(56)揆：度量；揣度。(57)坎：墓穴。(58)坟：高出地面的土堆。(59)奠：祭。(60)封树：堆土为坟，叫"封"；种树做标记，叫"树"。古代士以上的葬礼。(61)于戏：感叹词，通"呜呼"。(62)蔑：无。

译文

一切有生命的事物，有生就一定有死，这是天地间永恒不变的限数，自然界最根本的道理。因此那些通人达士在体察人生时，认为存亡不过是一暗一明，死生也就如同朝夕一样，所以他们活着不贪图享乐，死了也不认为悲伤。死亡，不过是精气离开人的身体，正魂游散，回归于质朴，恢复到本初，不再有端际罢了。一个人的灵魂已经消失，躯体最终成为了粪土。土作为一种被遗弃的东西，哪里有什么性情，一个人死了，还去谈什么厚葬薄葬，调和什么干燥湿润呢？只是一个人活着时的心情，不忍心见到自己死了以后形体被毁坏，才有了将骸骨埋入坟墓的制度。《易经》上说："古时候人死了，给他披上茅草，埋藏在旷野之中，后世圣人才改用棺椁来埋葬。"棺椁的制造从黄帝开始。从唐尧时代到虞、夏，还是崇尚简朴，人死了，或用瓦棺，或用木棺，到了殷商时代才逐渐兴起厚葬。周代加以继承，兼有两代的风俗特点，加上墙翣一类的饰物，灵柩前竖上表明死者姓名的旗幡，有了招魂复魄、含玉殓衣等礼节，殡葬墓穴的期限，棺椁周重的制度，衣衾称袭的套数，丧事烦琐且不切实际，物品琐碎而难以备办。然而官吏的俸禄、爵位的品级不相同，身份的贵贱也不相等。自周成王、周康王以后，这些典章制度才逐渐变得乖戾。到了战国，风气渐渐趋于颓废衰微，法度衰毁，上下僭杂。最终出现了晋文侯请求周襄王允许他死后挖掘墓道，秦穆公死后用子车奄息、子车仲行、子车鍼虎殉葬，陈大夫死后陈设参门之木，宋司马桓魋花三年时间为自己制造石椁等现象，到了暴秦时代，违道废德，灭夏、商、周三代的制度，兴淫邪的法度，国家资财浪费于埋葬死者，人力殚尽于修建骊山陵墓，玩好之物穷尽在粪土之中，技巧浪费于修建墓穴之上。自从有人类以来，看重丧事所形成的弊端，还没有像这样严重过。即使有孔子重新来制定周礼，墨子用古代的丧制来勉励人们，还是不能禁止人们死后葬礼的奢侈。因此华夏人士竞相崇尚奢华并试图超越他人，违背了礼的根本道理，去从事礼的末节，专务丧礼来的奢华，却抛弃了丧礼的实质，倾家荡产，争相营赴。废弃从事活着时应做的事却去经营终亡之事，丢弃该抚养、赡养的人却去大搞厚葬，难道可以说这是圣人制定礼的本义吗？《礼记》上说："丧事虽然有礼，但以悲哀为主。"孔子也说："就丧礼说，与其仪文周到，宁可过度悲哀。"今天就不是这样，人死后并棺合椁，把这当成亲人之间的孝道和和乐；花大量的资财操办丧事，给死人穿上重重的衣衾，用这来表达自己对死者的悲哀。这些都是我所不赞成的。从前舜葬在苍梧，他的两个妃子娥皇和女英没有和他葬在一起。难道有匹配之人死后的会合，像以前一样固守常法的所在吗？圣主明王还能做到这样，何况是礼不施及的众庶黎民呢？古人时遇相同，死后就葬在一处来会合；时遇乖戾，死后就各葬一处。他们的一动一静都适应礼的要求，办事如何合宜就如何做。杨王孙死后裸葬，墨夷葬时露出骨骸，他们能明达于性理，贵于速变。梁鸿的父亲死了，卷席而葬。梁鸿后来死了，也没有葬在他父亲的墓旁。这几个人难道都轻薄至亲之恩，亡失了忠孝之道吗？何况我鄙陋愚昧，既没有德行，又不聪敏；只是自己微意内明，心志有所仰慕，希望上同古人，下不给子孙带来灾祸。你们一定要按照这样去做，不要再产生疑异。我害怕你们的眼睛满足于所见，耳朵避忌于所议，执意想要改殡，而违背了我的志向，因此远采古代圣人的事迹，就近揣度人们的行事，来使你们有所领悟。我死了以后，只要挖一个墓穴，让它能容下棺椁。我的棺材回到东郡就下葬，只要平地，而不要起坟堆。不要卜卦选择安葬的时日，葬时不要设灵堂祭奠，不要留下墓侧，不要堆土为坟，也不要种树做标记。啊！小子们，你们以此为勉励吧，我没有别的话要说了！

王丹家训

【撰主简介】

王丹，生卒年不详。东汉京兆下邽（今陕西渭南东北）人。字仲回。汉哀帝、平帝时，曾出仕州郡。王莽篡权后，多次征他为官，他都拒召不去。家富千金，好济贫救急，耻结交豪强。每年农忙季节，常在田间设置酒席，慰劳勉励耕作的农夫。东汉初，前将军邓禹荐其领左冯翊（治今大荔），他称病不就职治事。后被征为太子少傅。

须讲求交友之道

原文

交道之难①，未易言也。世称管②、鲍③，次则王④、贡⑤。张⑥、陈凶其终⑦，萧⑧、朱隙其末⑨，故知全之者鲜矣⑩。

——节录自《后汉书·王丹传》

注释

①交道：结交朋友之道。②管：管仲，春秋初期齐国政治家。③鲍：鲍叔牙，春秋初期齐国大夫，以知人著称。少年时和管仲友善。管仲家贫，曾欺鲍叔牙，鲍叔牙却始终待管仲很好。后齐国发生内乱，鲍叔牙随公子小白出奔莒，管仲则随公子纠出奔鲁。齐襄公被杀，纠和小白争夺君位，小白得胜即位，即齐桓公。桓公任命鲍叔牙为相，他辞谢，保举管仲。管仲说："生我者父母，知我者鲍叔也。"④王：王吉，西汉琅琊皋虞人，字子阳。⑤贡：贡禹，西汉琅琊（治今山东诸城）人。王、贡二人为挚友，志趣相同。世称"王阳得位，贡禹弹冠"。⑥张：张耳，汉初诸侯王，大梁（今河南开封）人。⑦陈：陈馀，秦末大梁人。二人初为刎颈之交，后绝交，韩信破赵之战中，张耳杀陈馀于泜水之上。⑧萧：汉代萧育。⑨朱：汉代朱博。他与萧育初为知交，终因隙成仇。⑩鲜：少。

译文

结交朋友的难处是不容易说清楚的。世人称道管仲和鲍叔牙的交情，其次就是王吉和贡禹。张耳和陈馀初为刎颈之交，最后陈馀还是被张耳杀了。萧育和朱博起先是挚友，最终因一点儿小小的矛盾而反目成仇。因此，我知道能自始至终保持交情的人很少。

范迁家训

【撰主简介】

范迁，生卒年不详。东汉初沛国（今安徽濉溪西北）人。初为渔阳（今北京密云西南）太守，以智略安边，匈奴不敢过界。后为河南尹。范迁为官清廉，死后家无余财。

应以蓄财求利为耻

原文

吾备位大臣而蓄财求利，何以示后世！

——节录自《后汉书·郭丹传附》

译文

我身居大臣之位却利用职权来积蓄钱财、谋求利益，又怎么给后人做出榜样！

乐恢家训

【撰主简介】

乐恢，生卒年不详。东汉京兆长陵（今陕西咸阳西北）人。少笃孝，长大后爱好经学。和帝时，征拜议郎。曾谏车骑将军、外戚窦宪出征匈奴。官至尚书仆射。为人刚正不阿，不攀交权贵，被窦宪迫害，遂辞官归乡，饮毒药而死。

做官应尽职尽责

原文

吾何忍素餐立人之朝乎①！

——节录自《后汉书·乐恢传》

注释

①素餐：不劳而坐食。《诗经·魏风·伐檀》："彼君子兮，不素餐兮。"

译文

我怎么能够忍心在朝廷中做官却吃白饭不干事啊！

许荆家训

【撰主简介】

许荆，生卒年不详。东汉会稽阳羡（今江苏宜兴南）人。字少张。为人谦让，好代人受过。曾官长乐少府。和帝时，迁桂阳（今湖南郴州）太守。

苦心诫弟以勤俭立身

原文

礼有分异之义，家有别居之道①。

吾为兄小肖，盗声窃位，二弟年长，未豫荣禄②，所以求得分财，自取大讥。今理产所增，三倍于前，悉以推二弟，一无所留。

——节录自《后汉书·循吏传》

注释

①礼有分异之义，家有别居之道：《礼记》中："父子一体也，夫妇一体也，昆弟一体也。故父子手足也，夫妇判合也，昆弟四体也。昆弟之义无

分焉，而有分者，则避子之仇也。子不私其父，则不成为子。故有东宫，有西宫，有南宫，有北宫。异居而同财，有余则归之宗，不足则资之宗。"②豫：通"与"，参与。

译文

礼有分异的道理，家有别居的道理。

我这个做哥哥的不贤，盗取了声名和地位，两位弟弟年龄大了，还没有享受到荣耀和福禄，所以我求得与弟弟们分财，自己受到别人的讥笑。今天清理所增加的家产，已经是过去的三倍，我现在全部让给两位弟弟，自己一无所留。

虞诩家训

【撰主简介】

虞诩，生卒年不详。东汉陈国武平（今河南鹿邑西北）人。字升卿。十二岁时能通《尚书》。幼年失去父母，以孝顺祖母著称。安帝时，为朝歌（今河南汤阴西南）长。后任武都（今甘肃成县西）太守，镇压羌人起义。顺帝时，为司隶校尉，劾罢中常侍张防，迁尚书仆射。因勇于刺举触犯权贵，曾九受谴责，三遭刑罚。

应以错杀人为戒

原文

吾事君直道①，行已无愧，所悔者为朝歌长时杀贼数百人，其中何能不有冤者？自此二十馀年，家门不增一口，斯获罪于天也。

——节录自《后汉书·虞诩传》

注释

①直道：正直之道。

译文

我为君王办事刚直公正，自问一生行为无愧于心，所后悔的是做朝歌长的时候杀贼子数百人，其中怎么能够没有被冤枉错杀的呢？从此二十多年，我们家人丁没增一口，这是得罪了老天的缘故啊！

羊续家训

【撰主简介】

羊续，生卒年不详。东汉泰山平阳（今山西临汾西南）人。字兴祖。灵帝时，历任庐江、南阳郡太守。在南阳时，常敝衣薄食，车马羸败。府丞曾进献活鱼给他，他接受后，将鱼悬挂于庭。府丞后又献鱼给他，他拿出悬挂的那条鱼给府丞看，以谢绝府丞的好意。

为官应自奉清廉

原文

吾自奉若此，何以资尔母乎？

——节录自《后汉书·羊续传》

译文

我自己生活如此，又拿什么来资助你母亲呢？

钟皓家训

【撰主简介】

钟皓，生卒年不详。东汉颍川长社（今河南长葛东）人。字季明。其家熟悉刑律，为郡著称。皓少年时以行为忠实著称，前后九次被公府征召为官，均辞不就。

诫侄谨

原文

昔国武子好昭人过①，以致怨本②。卒保身全家③，尔道为贵。

——节录自《后汉书·钟皓传》

注释

①国武子：春秋齐大夫。昭：张扬。②本：根源；来源。③卒：最终；末了。

译文

从前国武子喜欢张扬别人的过失，这是招致别人怨恨他的根源。最终能够保全自身和家族，这个道理才是最可贵的。

李通家训

【撰主简介】

李通，生卒年不详。三国魏江夏平春（今属湖北）人。以扶弱抑强、见义勇为闻名于江、汝之间。其家乡曾遭饥荒，李通倾家赈济，与士分糟糠，士皆争为用。建安初，举众归曹操，拜振威中郎将，助操破张绣，封建功侯。分汝南二县，以李通为阳安都尉。后改封都亭侯，拜汝南太守。卒年四十二，谥"刚侯"。

不因私情废公理

原文

方与曹公勠力①，义不以私废公②。

——节录自《三国志·魏书·李通传》

①方：正。曹公：曹操。勠力：并力；合力。②以：因。

译文

我正与曹公一同努力，按照道义我不能因为私情而废弃公理。

陈慎家训

【撰主简介】

陈慎，生卒年不详。三国陈留圉（今河南开封东）人。字少甫。为人敦厚少华，有深沉之量。官县令、东莱太守。后因老病辞官归家，生活俭朴，草屋蓬户，瓮缶无储。

应当知足常乐

原文

我以勤身清名为之基①，以二千石遗之②，不亦可乎！

——节录自《三国志·魏书·高柔传注引〈陈留耆旧传〉》

注释

①清名：名声清白。②二千石：汉代对郡守的通称。汉郡守俸禄为二千石，故有此称。

译文

我以一生勤劳、声名清白作为为人的基础，现在我留给子孙月俸百二十斛，不也是可以的吗？

向朗家训

【撰主简介】

向朗（？—公元247年），三国蜀襄阳宜城（今湖北中部偏北）人。字巨达。初为荆州牧刘表临沮长。表卒，归刘备。历任巴西、群舸、房陵等郡太守。后主即位，为步兵校尉，代王连为丞相长史。随诸葛亮入汉中，与马谡友善，谡逃亡，他知情不报，被亮免官。数年，为光禄勋。亮卒后，徙左将军，封显明亭侯，位特进。年轻时以吏能见称。免长史官后，优游无事近二十年，潜心典籍，孜孜不倦。年过八十，还亲手校订古籍，勘正谬误。

遗言诫子以和为贵

原文

传称师克在和不在众①，此言天地和则万物生，君臣和则国家平，九族和则动得所求②，静得所安，是以圣人守和，以存以亡也。吾，楚国之小人也，而早丧所天③，为二兄所诱养④，使其性行不随禄利以堕。今但贫耳⑤；贫非人患，惟和为贵，汝其勉之！

——节录自《三国志·蜀书·向朗传注引〈襄阳记〉》

注释

①传：《左传》。克：战胜。②九族：指高祖、曾祖、祖、父、自己、子、孙、曾孙和玄孙。③天：指所依存或依靠的人或物，旧时以之为君父或夫的代称。这里指父母。④诱：教导。⑤但：仅，只不过。

译文

《左传》上说军队克敌制胜在于将士能团结一心，而不在于士卒的众多。这说的是天地和洽，风调雨顺，就能化生万物；君臣上下团结一致，国家就安定太平；九族之间能和睦相处，那么做事就能达到目的，闲居时也能平安无事。因此圣人坚守一个"和"字，用"和"来处理存亡的问题。我是楚国的一个普通人，早年就失去了父母，由两位兄长教导和抚养，使我的品性和行为不因利禄引诱而堕落。现在不过是贫困罢了，贫困并不是一个人所应担忧害怕的，只有"和"才是最可贵的，你们自己努力去做吧！

谯周家训

【撰主简介】

谯周（公元201—270年），三国巴西西充（今四川阆中西南）人。字允南。幼孤，家贫，与母兄同居。诵读典籍，以致废寝忘食，精研六经，善书札。诸葛亮为益州牧时，任劝学从事，后任中散大夫、光禄大夫。后主炎兴元年（公元263年），以劝蜀主

刘禅降魏，受魏封为阳城亭侯。入晋，拜骑都尉。后拜散骑常侍，以病重辞。著有《古书考》等，今佚，有辑本。

临终嘱子熙

原文

久抱疾，未曾朝见，若国恩赐朝服衣物等①，勿以加身。当还旧墓，道险行难，豫作轻棺②。殡敛已毕③，上还所赐。

——节录自《三国志·蜀书·谯周传注引〈晋阳秋〉》

注释

①朝服：旧时君臣朝会时所穿的礼服。尊卑异制，历代异制。②豫：通"预"。③殡：停枢待葬。敛：给尸体穿衣下棺。

译文

我生病很久了，一直没有上朝，如果国家恩赐我朝服衣物等，我死了以后，不要用来穿在我的身上。应当把我的尸体归葬于祖先的旧墓，但道路险要，行路艰难，要预先做好轻便的棺材。殡敛完毕以后，就归还朝廷赏赐的朝服和衣物。

薛嫙家训

【撰主简介】

薛嫙，生卒年不详。北齐河南（今甘肃西部黄河以南地区）人。字昙珍。其先代人本姓叱干氏。初为典客令。北魏孝明帝正光中，行洛阳令。东魏孝静帝天平初，引为丞相长史。后迁尚书仆射。

临终敕子

原文

敛以时服，逾月便葬。不听干求赠官①。自制丧车，不加雕饰，但用麻为流苏②，绳用网络而已。明器等物，并不令置。

——节录自《北齐书·薛琡传》

注释

①干：求取。②流苏：下垂的穗子，用五彩羽毛或丝线制成。古代用作车马、帐幕等的装饰品。

译文

我死后，给我穿上平时所穿的衣服，灵柩在家里停放一个月后就安葬。不要随意要求朝廷赠送官职。要自制丧车，丧车要做到不加雕饰，只用麻做成流苏，绳子用网编织就行了。明器等其他物件，都不要安放在棺椁和坟墓内。

周弘直家训

【撰主简介】

周弘直（公元500—575年），南朝陈汝南（今河南汝南）人。字思方，幼而聪敏。初为梁太学博士，后官至光禄大夫，加金章紫绶。

薄葬以求节俭

原文

吾今年以来，筋力减耗，可谓衰矣。而好生之情，曾不自觉①，唯务行乐②，不知老之将至。今时制云及，将同朝露③，七十馀年，颇经称足启手告全④，差无遗恨⑤。气绝已后，便买市中见材⑥，材必须小形者，使易提挈。敛以时服⑦，古人通制⑧，但下见先人⑨，必须备礼。可著单衣⑩、裙衫故履，既应侍养，宜备纷帨⑪。或逢善友，又须香烟。棺内唯安白布手巾、粗香炉而已，其外一无所用。

——节录自《陈书·周弘直传》

注释

①曾：竟。自觉：自己有所察觉。②务：致力，从事。③朝露：朝露接触阳光就消失，比喻事物存在时间的短暂。④称足启手：出处不详。大意可能为手足都感到很舒适。⑤差：略。遗恨：遗憾。⑥见："现"的古字。现成的。⑦敛：通"殓"。给尸体穿衣下棺。时服：平时的服装。⑧通制：一般的制度。⑨但：只。⑩著："着"的本字。⑪纷帨：拭物的佩巾。

译文

我今年以来，精力减耗，可说是衰老了。但是爱惜生命之情，自己竟然都不能有所察觉，只是致力于行乐，不知道自己就快要老了。现在时制说到，人生如同朝露，一瞬即过。我活了七十多年，手脚都还健全，感到很舒适，大致上已没

有遗憾了。我断气以后，就买市集中现成的棺材，棺材必须形状较小，使人容易提挈。下棺的时候穿上平时的衣服，这是古人一般的制度，只是在地下拜见先人，必须礼节完备。可以给我穿上单衣、裙衫和旧鞋子，既然应当侍养先人，就必须备上擦东西的佩巾。有时碰上好友，又须准备香烟。棺内只要安放白布手巾和粗香炉即可，其他的东西都没有什么用处。

席豫家训

【撰主简介】

席豫，生卒年不详。字建侯。祖先乃唐代襄州襄阳（今湖北境内）人，后徙居河南（今河南境内）。进士及第。唐玄宗开元年间，历任监察御史、大理丞、考工员外郎、中书舍人。唐玄宗天宝年间，进礼部尚书。年六十九时去世，谥曰"文"。

席豫临终时曾作《遗令教子》以教诲后人，并反复叮嘱后人"细事也务必小心谨慎"。

遗令教子

原文

三日敛①，敛已即葬，勿久留以黩公私②。资不足，可卖居宅以终事。

——节录自《新唐书·席豫传》

注释

①敛：给死者穿衣入棺。②黩：污浊。

译文

我死后，用三天时间进行穿衣入棺，穿衣入棺之事完毕即下葬，不要停留太久，以免给公家或亲友添麻烦。如果财货费用不足，可变卖一部分住宅家产来完成丧葬之事。

细事也须留意谨慎

原文

细不谨，况大事耶①？

——节录自《新唐书·席豫传》

注释

①耶：语末助词，以表示疑问。

译文

细小的事也是必须谨慎的。如果连细小的事都不能谨慎从事，更何况大事呢？

穆宁家训

【撰主简介】

穆宁，生卒年不详。唐代怀州河内（今河南境内）人。性刚正。安禄山反，他设法檄州县并力捍御。唐玄宗时，历任偃师县丞、安阳令。唐肃宗时，历任殿中侍御史、佐盐铁转运使。唐代宗时，历任侍御史、河南转运租庸盐铁副使、户部员外郎、御史中丞、库部郎中、监察御史、检校秘书少监兼和州刺史。唐德宗时，历任秘书少监、右庶子、秘书监等职。由于穆宁的言传身教，他的四个儿子（赞、质、员、赏）分别官至御史中丞、右补阙、侍御史、监察御史等要职，所至有政绩，所至有直声。

穆宁善教诸子，家道以严称。曾撰《家令》以诫诸子。

家令诫子

原文

吾闻君子之事亲①，养志为大②，直道而已③。慎无为谄④。吾之志也。

——节录自《旧唐书·穆宁传》

注释

①君子：有高尚道德品质的人。②养志：承顺父母之志。③直道：正直之道。④慎：谨慎，此处可作"千万"解，表示禁戒。谄：奉承，献媚。

译文

我听说有高尚道德之人侍奉双亲，以承顺父母之志为最重要的事，所谓承顺父母之志才是正直之道。千万不要做奉承、献媚之事。这就是我的志愿。

吴凑家训

【撰主简介】

吴凑，生卒年不详。唐代濮州濮阳（今山东境内）人。吴凑乃唐肃宗吴皇后之弟，是当时的皇亲国戚。唐德宗时，历任福建观察使、福州刺史、京兆尹、御史中丞、兵部尚书等职。卒谥"成"。

吴凑临终前曾撰遗令以诫家人。

原文

吾以凡才①，滥因外戚进用②，起家便授三品③，历显位四十年，寿登七十，为人足矣，更欲何求？古之以亲戚进用者，罕有善终，吾得归全以侍先人，幸也！

——节录自《旧唐书·吴凑传》

注释

①凡才：平庸之才。②滥：过度；过于。③起家：起之于家而受任官职，即从家门开始走上仕途。

译文

我本为平庸之才，只因是外戚而得以入朝做官，一开始走上仕途便被授予三品官职，历任显位达四十年之久。我现今年岁已届七十，已经很满足了，哪里还有别的什么要求呢？自古以来外戚被任用为官

的，很少有能善终的，而我得以保全自己以侍先人于地下，已经是很幸运的事了！

刘福家训

【撰主简介】

刘福，生卒年不详。宋代徐州下邳（今江苏境内）人。善骑射，有膂力。早年曾跟随后周世宗征淮南，后来随宋太宗攻克北汉的并、汾诸州，历任武州团练使、洺州防御使、雄州防御使兼本州兵马部署、凉州观察使等职。死后赠"太傅"。

刘福虽有武无文，但御下有方略，为政简易，人以为便。在雄州任上五年，郡境宁谧。刘福既贵，诸子曾劝其修建大宅第，遭到他的拒绝，并语重心长地同儿子讲清不能修建大宅第的道理。

少不应图自安之计

原文

我受禄厚，足以僦舍以庇①。汝曹既无尺寸功以报朝廷②，岂可营度居室③，为自安计乎？

——节录自《宋史·刘福传》

注释

①僦舍：租屋居住。庇：遮盖；掩护。②汝曹：你们，你们这辈人。③营：建造。

译文

我得到了朝廷给予的丰厚俸禄，完全可以租屋居住，用不着修建大宅第。你们这些人既然至今还没有建立尺寸之功以报效朝廷，又怎么可以想要建造大房子来作为自安之计呢？